"十三五"高等院校数字艺术精品课程规划教材

Premiere Pro CS6

全彩慕课版

核心应用案例教程

程静 编著

U0277627

人民邮电出版社

北京

图书在版编目（CIP）数据

Premiere Pro CS6核心应用案例教程：全彩慕课版 / 程静编著. -- 北京：人民邮电出版社，2021.4（2024.1重印）

"十三五"高等院校数字艺术精品课程规划教材

ISBN 978-7-115-54737-8

Ⅰ. ①P… Ⅱ. ①程… Ⅲ. ①视频编辑软件－高等学校－教材 Ⅳ. ①TN94

中国版本图书馆CIP数据核字(2020)第158196号

内 容 提 要

本书全面系统地介绍 Premiere Pro CS6 的基本操作和核心功能，包括初识 Premiere Pro、Premiere Pro CS6 基础、字幕、音频、剪辑、转场、特效、调色与抠像和商业案例等内容。

全书内容以应用案例为主线，每个案例都有详细的操作步骤，读者通过实际操作可以快速熟悉软件功能并领会设计思路。每章的软件功能解析部分使读者能够深入学习软件功能和特色。第 3～8 章的最后还安排了课堂学习和课后习题，可以拓展读者对软件的实际应用能力。第 9 章介绍的商业案例可以帮助读者快速掌握商业设计理念和设计元素，顺利达到实战水平。

本书可作为高等院校和高职高专院校数字媒体艺术类专业课程的教材，也可供初学者自学参考。

◆ 编　著　程　静

　责任编辑　刘　佳

　责任印制　王　郁　彭志环

◆ 人民邮电出版社出版发行　北京市丰台区成寿寺路 11 号

　邮编　100164　电子邮件　315@ptpress.com.cn

　网址　https://www.ptpress.com.cn

　涿州市般润文化传播有限公司印刷

◆ 开本：787×1092　1/16

　印张：12.75　　　　　　　2021 年 4 月第 1 版

　字数：329 千字　　　　　 2024 年 1 月河北第 5 次印刷

定价：69.80 元

读者服务热线：(010)81055256　印装质量热线：(010)81055316
反盗版热线：(010)81055315
广告经营许可证：京东市监广登字 20170147 号

FOREWORD —————————————— 前 言

本书全面贯彻党的二十大精神，以社会主义核心价值观为引领，传承中华优秀传统文化，坚定文化自信，使内容更好体现时代性、把握规律性、富于创造性。

Premiere Pro 简介

Premiere Pro，简称"Pr"，是 Adobe 公司开发的一款非线性视频编辑软件，深受影视制作爱好者和影视后期制作人员的喜爱。Premiere Pro 拥有强大的视频编辑功能，可以对视频进行采集、剪切、组合、拼接等操作，完成剪辑、转场、特效、调色、抠像等工作。

Premiere Pro 目前广泛应用于节目包装、电子相册、纪录片、产品广告、节目片头和 MV 等制作领域。

如何使用本书

第1步　精选基础知识，快速上手

应用领域

标题栏
菜单栏

"源"窗口、"特效控制台"/"调音台"面板组

"节目"窗口

操作界面

"项目"/"历史"/"效果"面板组

"工具"面板

"音频仪表"面板

"时间线"面板

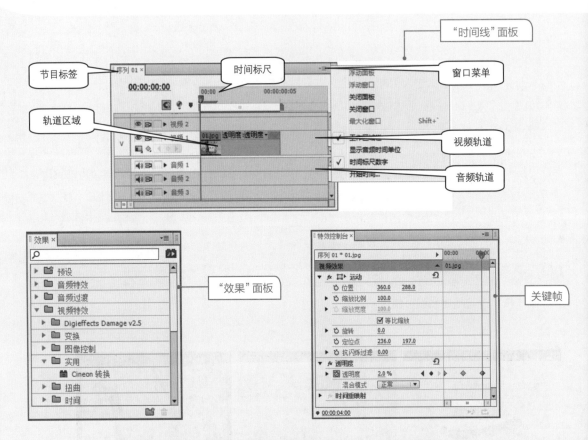

"时间线"面板

节目标签

时间标尺

窗口菜单

00:00:00:00

浮动面板
浮动窗口
关闭面板
关闭窗口
最大化窗口   Shift+`

轨道区域

▶ 视频 2
▶ 视频 1   01.jpg 透明度:透明度▼

显示音频时间单位
时间标尺数字
开始时间...

视频轨道

V

◀• ▶ 音频 1
◀• ▶ 音频 2
◀• ▶ 音频 3

音频轨道

效果 ×

▶ ■ 预设
▶ ■ 音频特效
▶ ■ 音频过渡
▼ ■ 视频特效
　▶ ■ Digieffects Damage v2.5
　▶ ■ 变换
　▶ ■ 图像控制
　▼ ■ 实用
　　■ Cineon 转换
　▶ ■ 扭曲
　▶ ■ 时间

"效果"面板

特效控制台 ×

序列 01 * 01.jpg   00:00 0:0
视频效果   01.jpg
▼ fx ▣▶ 运动   ↺
　ひ 位置   360.0   288.0
▶ ひ 缩放比例   100.0
▶ ひ 缩放宽度   100.0
　　　　　　　　　☑ 等比缩放
▶ ひ 旋转   0.0
　ひ 定位点   236.0   197.0
　ひ 抗闪烁过滤   0.00
▼ fx 透明度   ↺
▶ ☒ 透明度   2.0 %   ◀ ▶ ▷   ◆   ◆
　混合模式   正常   ▼
▶ ■ 时间重映射

00:00:04:00

关键帧

第2步　课堂案例 + 软件功能解析，边操作边学软件功能，熟悉设计思路

6.1　应用转场

剪辑 + 转场 + 特效 + 调色 + 抠像 5 大核心功能

6.1.1　课堂案例——制作美食创意混剪

【案例学习目标】学习制作图片转场效果。

【案例知识要点】使用"导入"命令导入素材文件，使用"向上折叠"特效、"交叉伸展"特效、"划像交叉"特效、"中心剥落"特效和"卷走"特效制作图片之间的转场效果。美食创意混剪效果如图 6-1 所示。

了解目标和要点

【效果所在位置】Ch06/ 美食创意混剪 / 美食创意混剪 . prproj。

精选典型商业案例

文字 + 视频步骤详解

图 6-1

（1）启动 Premiere Pro CS6，弹出欢迎界面，单击"新建项目"按钮 ■，弹出"新建项目"对话框。在"位置"选项右侧设置文件保存路径，在"名称"文本框中输入文件名"美食创意混剪"，如图 6-2 所示。单击"确定"按钮，弹出"新建序列"对话框，在左侧的"有效预设"列表中展开"DV - PAL"选项，选择"标准 48kHz"模式，如图 6-3 所示，单击"确定"按钮，完成序列的创建。

6.1.2　3D 运动

　　"3D 运动"文件夹中共包含 10 种三维运动场景切换特效，如图 6-19 所示。使用不同的转场特效后，效果如图 6-20 所示。

图 6-19

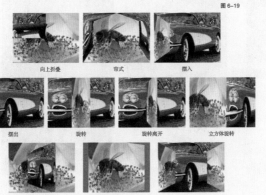

向上折叠　　　　　　帘式　　　　　　　摆入

摆出　　　　旋转　　　　旋转离开　　　立方体旋转

筋斗过渡　　　　　　翻转　　　　　　　门

图 6-20

第 3 步　课堂练习 + 课后习题，拓展应用能力

6.3　课堂练习——制作旅拍电子相册

　　【练习知识要点】使用"导入"命令导入图片文件，使用"旋转"特效、"交叉叠化（标准）"特效和"中心剥落"特效制作图片之间的转场效果。旅拍电子相册效果如图 6-105 所示。
　　【效果所在位置】Ch06/ 旅拍电子相册 / 旅拍电子相册 .prproj。

图 6-105

6.4　课后习题——制作运动时刻精彩赏析

　　【习题知识要点】使用"导入"命令导入视频文件，使用"星形划像"特效、"点划像"特效和"菱形划像"特效制作视频之间的转场效果。运动时刻精彩赏析效果如图 6-106 所示。
　　【效果所在位置】Ch06/ 运动时刻精彩赏析 / 运动时刻精彩赏析 .prproj。

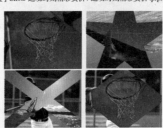

图 6-106

第 4 步　综合实战，演练真实商业项目制作过程

节目片头

节目包装

电子相册

产品广告

MV

纪录片

FOREWORD ———————————— 前 言

配套资源及获取方式

学习资源及获取方式如下。

● 所有案例的素材及最终效果文件，下载链接：www.ryjiaoyu.com。

● 全书内容的慕课视频，读者可以登录人邮学院网站（www.rymooc.com）或扫描封面上的二维码，使用手机号码完成注册，在网站首页右上角单击"学习卡"选项，输入封底刮刮卡中的激活码，即可在线观看视频。读者也可以扫描书中二维码，使用手机观看视频。

● 扩展案例，扫描书中二维码，即可查看扩展案例的操作步骤。

教学资源及获取方式如下。

● 全书每章的 PPT 课件。

● 教学大纲。

● 扩展知识。

● 教学教案。

● 详尽的课堂练习和课后习题的操作视频。

任课教师可登录人邮教育社区（www.ryjiaoyu.com），在关于本书的页面中免费下载以上资源。

教学指导

本书的参考学时为 54 学时，其中实训环节为 32 学时。各章的参考学时参见下面的学时分配表。

章	课程内容	学时分配	
		讲　授	实　训
第 1 章	初识 Premiere Pro	2	
第 2 章	Premiere Pro CS6 基础	2	
第 3 章	字幕	2	4
第 4 章	音频	2	4
第 5 章	剪辑	2	4
第 6 章	转场	2	4
第 7 章	特效	2	4
第 8 章	调色与抠像	4	4
第 9 章	商业案例	4	8
学 时 总 计		22	32

本书约定

本书案例素材所在位置的格式为章号 / 案例名 / 素材，如 Ch08/ 水墨画赏析 / 素材。

本书案例效果文件所在位置的格式为章号 / 案例名 / 效果，如 Ch08/ 水墨画赏析 / 水墨画赏析 .prproj。

本书关于颜色的表述，如蓝色（232、239、248），括号中的数字分别为其 R、G、B 的值。

由于作者水平有限，书中难免存在不妥之处，敬请广大读者批评指正。

编 者

2023 年 6 月

Premiere Pro

CONTENTS ——————————————— 目 录

—01—

第1章 初识 Premiere Pro

—02—

第2章 Premiere Pro CS6 基础

Premiere Pro

—03—

第3章 字幕

—04—

第4章 音频

CONTENTS ——————— 目 录

─05─

第5章　剪辑

Premiere Pro

—06—

第6章 转场

—07—

第7章 特效

CONTENTS　　　　　　　　　　　　　　目　录

━━ 08 ━━

第 8 章　调色与抠像

━━ 09 ━━

第 9 章　商业案例

Premiere Pro

第1章

01 初识 Premiere Pro

▶ 本章介绍

　　在学习 Premiere Pro 的操作之前，首先要了解 Premiere Pro。本章包含 Premiere Pro 概述、Premiere Pro 的版本历史和应用领域。只有认识了 Premiere Pro 的特点和功能特色，才能更有效率地学习和使用 Premiere Pro，为我们的工作和学习带来便利。

学习目标

● 了解 Premiere Pro 概述。
● 了解 Premiere Pro 的版本历史。
● 了解 Premiere Pro 的应用领域。

初识
Premiere Pro

1.1　Premiere Pro 概述

　　Premiere Pro，简称"Pr"，是 Adobe 公司开发的一款非线性视频编辑软件，深受影视制作爱好者和影视后期制作人员的喜爱。Premiere Pro 拥有强大的视频编辑功能，可以对视频进行采集、剪切、组合、拼接等操作，完成剪辑、转场、特效、调色、抠像等工作。

　　Premiere Pro 目前广泛应用于节目包装、电子相册、纪录片、产品广告、节目片头和 MV 等制作领域。

1.2　Premiere Pro 的版本历史

　　Premiere 最早的版本是 Premiere 4.0，随后推出的 4.2、5.0、6.0 等版本都只有简单的处理音频、制作特效和过渡等功能。Premiere Pro（Premiere 7.0）是软件的一次重大突破，它第一次提出了"Pro"（专业版）的概念，之后陆续推出了 1.5、CS3、CS4 等版本，CS4 是最后一个支持 32 位的版本。随后推出了 CS5、CS6、CC、CC 2019 等支持 64 位的版本，目前最新版本为 Premiere Pro 2020。

1.3　Premiere Pro 的应用领域

1.3.1　节目包装

　　节目包装是对节目整体形象的规范和强化，图 1-1 分别示出了昆明育艺校园电视台节目包装截图（左），成都电视台《生活大搜索》节目包装截图（中）《夜闻都市》节目包装截图（右）。Premiere Pro 提供了字幕编辑、视频切换，以及视频缩放等强大功能，可以帮助用户进行规范的节目包装，在突出节目特征和特点的同时增强观众对节目的识别能力，使包装形式与节目有机地融为一体。

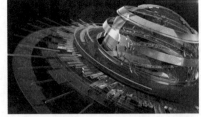

图 1-1

1.3.2　电子相册

　　电子相册相较传统相册，具有保存时间长的优势。Premiere Pro 提供了特效控制台、转场效果，以及字幕命令等强大功能，可以帮助用户制作出精美的电子相册，展现美丽的风景、亲密的友情等精彩的瞬间，图 1-2 所示为电子相册截图。

图 1-2

1.3.3　纪录片

纪录片是以真实生活为创作素材，通过艺术的加工与展现，表现出事物最真实的本质并引发观众思考的艺术形式。Premiere Pro 提供了动画效果、速度和持续时间命令，以及字幕效果等强大功能，可以帮助用户制作出真实质朴的纪录片，图 1-3 所示为《地球脉动》截图（左），《乡味记》截图（中），《从长安到罗马》截图（右）。

图 1-3

1.3.4　产品广告

产品广告通常用来宣传商品、服务、组织、概念等。Premiere Pro 提供了特效控制台、添加轨道，以及新建序列等强大功能，可以帮助用户制作出形象生动、冲击力强的广告，图 1-4 所示为华为手机广告截图（左），奥妙洗衣液广告截图（中），可爱多冰淇淋广告截图（右）。

图 1-4

1.3.5　节目片头

节目片头是指片头字幕前的一段内容，用于引起观众对故事内容的兴趣。Premiere Pro 提供了特效控制台、字幕命令，以及添加轨道等强大的命令和功能，可以帮助用户制作出风格独特的节目片头，图 1-5 所示为《忘不了餐厅》节目片头截图（左），《请回答王牌 2020》节目片头截图（中），《奇葩说第三季》节目片头截图（右）。

图 1-5

1.3.6　MV

音乐短片（Music Video，MV）是把对音乐的读解用画面呈现的一种艺术类型。Premiere Pro 提供了特效控制台、"效果"面板，以及添加轨道等强大功能，可以帮助用户制作出酷炫多彩的 MV，图 1-6 所示为南征北战《生来倔强》MV 截图（左），苏打绿《小情歌》MV 截图（中），田馥甄《渺小》MV 截图（右）。

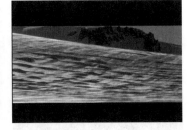

图 1-6

第 2 章

Premiere Pro CS6 基础

02

▶ 本章介绍

　　本章对 Premiere Pro CS6 的操作界面、基本操作、关键帧的使用，以及文件输出的技巧进行详细的讲解。读者通过对本章的学习，可以快速了解并掌握 Premiere Pro CS6 的入门知识，为后续章节的学习打下坚实的基础。

学习目标

● 了解 Premiere Pro CS6 的操作界面。

● 熟练掌握 Premiere Pro CS6 的基本操作。

● 熟练掌握使用关键帧控制效果的方法。

● 了解 Premiere Pro CS6 可输出的文件格式。

技能目标

● 掌握软件的基本操作。

● 熟练掌握添加并设置关键帧的技巧。

● 掌握输出文件的不同方法。

Premiere Pro
CS6 基础

2.1 操作界面

2.1.1 认识操作界面

本书使用 Premiere Pro CS6 进行讲解，建议读者安装此版本学习。Premiere Pro CS6 操作界面如图 2-1 所示。从图中可以看出，Premiere Pro CS6 的操作界面由标题栏、菜单栏、"源"窗口、"特效控制台"/"调音台"面板组、"节目"窗口、"项目"/"历史"/"效果"面板组、"时间线"面板、"音频仪表"面板、"工具"面板等组成。

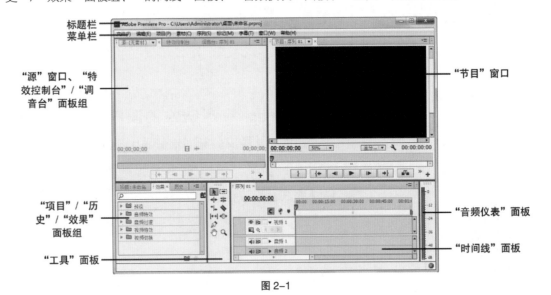

图 2-1

2.1.2 项目面板

"项目"面板主要用于输入、组织和存放供"时间线"面板编辑合成的原始素材，如图 2-2 所示。按 Ctrl+Page Up 组合键可以切换到列表的状态，如图 2-3 所示。单击"项目"面板右上方的 ▼≡ 按钮，在弹出的菜单中可以选择面板的显示方式及相关功能的显示与隐藏，如图 2-4 所示。

图 2-2

图 2-3

图 2-4

2.1.3 时间线面板

"时间线"面板是 Premiere Pro CS6 的核心部分。在编辑影片的过程中，大部分工作都是在"时间线"面板中完成的。用户可以在"时间线"面板中轻松地实现对素材的剪辑、插入、复制、粘贴、修整等操作，"时间线"面板的各部分如图 2-5 所示。

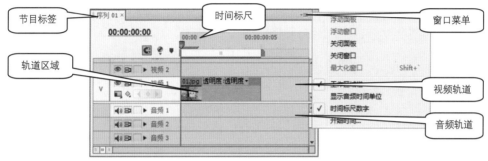

图 2-5

2.1.4　监视器窗口

监视器窗口包括"源"窗口和"节目"窗口，分别如图 2-6 和图 2-7 所示，所有编辑或未编辑的影片片段都会在此显示。

图 2-6

图 2-7

2.1.5　其他功能面板

除了以上介绍的部分，Premiere Pro CS6 还提供了另外一些方便编辑操作的功能面板，下面逐一进行介绍。

1．"效果"面板

"效果"面板中存放着 Premiere Pro CS6 自带的各种音频、视频特效和预设的特效。这些特效按照功能分为 5 大类，包括"预设""音频特效""音频过渡""视频特效"及"视频切换"，每一大类又按照具体特效细分为很多小类，如图 2-8 所示。用户安装的第三方特效插件也将出现在该面板的相应类别文件夹中。

2．"特效控制台"面板

在 Premiere Pro CS6 的默认设置下，"特效控制台"面板与"源"窗口、"调音台"面板合为一个面板组。"特效控制台"面板主要用于控制对象的运动、透明度、切换及特效等，如图 2-9 所示。

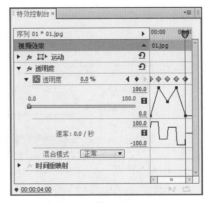

图 2-8   图 2-9

3. "调音台"面板

在"调音台"面板中可以更加有效地调整项目的音频，实时混合各个轨道的音频对象，如图 2-10 所示。

4. "历史"面板

"历史"面板中记录了用户建立项目以来进行的所有操作。在执行了错误操作后选择该面板中相应的命令选项，即可撤销错误操作，重新返回到错误操作之前的某一个状态，如图 2-11 所示。

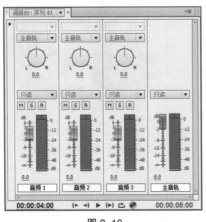

图 2-10   图 2-11

5. "工具"面板

"工具"面板主要用来放置对"时间线"面板中的音频、视频等内容进行编辑的工具，其构成如图 2-12 所示。

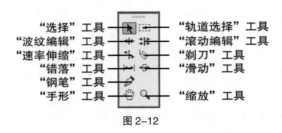

图 2-12

2.2 基本操作

慕课视频

基本操作

本节将详细介绍项目文件的基本操作,如新建、打开、保存和关闭操作;对象的操作,如撤销与恢复、素材的导入、重命名和组织等操作。掌握这些基本操作对于后期的制作至关重要。

2.2.1 项目文件的基本操作

在启动 Premiere Pro CS6 开始进行影片制作前,必须先创建新的项目文件或打开已存在的项目文件,这是 Premiere Pro CS6 最基本的操作之一。

1. 新建项目文件

(1)执行"开始 > 所有程序 > Adobe Premiere Pro CS6"命令,或双击桌面上的 Adobe Premiere Pro CS6 快捷图标,弹出欢迎界面,单击"新建项目"按钮 ,如图 2-13 所示。

(2)弹出"新建项目"对话框,如图 2-14 所示。在"常规"选项卡中设置"视频""音频"及"采集"格式,单击"位置"选项右侧的"浏览"按钮,在弹出的对话框中选择项目文件的保存路径,在"名称"选项右侧的文本框中设置项目名称。

图 2-13

图 2-14

(3)单击"确定"按钮,弹出图 2-15 所示的对话框。在"序列预设"选项卡中选择项目文件格式,如这里选择"DV - PAL"制式下的"标准 48kHz"。此时,在"预设描述"选项组中将列出相应的项目信息。

(4)单击"确定"按钮即可创建一个新的项目文件。

如果软件已经启动,执行"文件 > 新建 > 项目"命令,如图 2-16 所示,或按 Ctrl+Alt+N 组合键,在弹出的"新建项目"对话框中按照上述方法进行合适的设置,最后单击"确定"按钮,也可以创建新的项目文件。

图 2-15

图 2-16

2. 打开项目文件

启动 Premiere Pro CS6，在弹出的欢迎界面中单击"打开项目"按钮，如图 2-17 所示。在弹出的对话框中选择需要打开的项目文件，如图 2-18 所示，单击"打开"按钮即可打开已选择的项目文件。

图 2-17

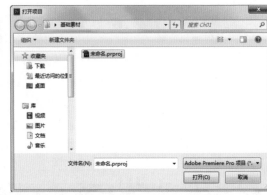

图 2-18

启动 Premiere Pro CS6，在弹出的欢迎界面的"最近使用项目"选项中单击需要打开的项目文件，可以打开最近保存过的项目文件。

执行"文件 > 打开项目"命令，或按 Ctrl+O 组合键，如图 2-19 所示，在弹出的对话框中选择需要打开的项目文件，单击"打开"按钮，也可打开所选的项目文件。

执行"文件 > 打开最近项目"命令，在其子菜单中选择需要打开的项目文件，如图 2-20 所示，可打开所选的项目文件。

图 2-19

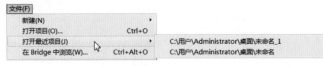

图 2-20

3. 保存项目文件

刚启动 Premiere Pro CS6 时，系统会提示用户先保存一个设置了参数的项目。因此，对于编辑过的项目，直接执行"文件 > 存储"命令或按 Ctrl+S 组合键，可直接保存。另外，系统还会每隔一段时间自动保存一次项目。

执行"文件 > 存储为"命令（或按 Ctrl+Shift+S 组合键），或者执行"文件 > 存储副本"命令（或按 Ctrl+Alt+S 组合键），弹出"存储项目"对话框，设置完成后单击"保存"按钮，可以保存项目文件的副本。

4. 关闭项目文件

执行"文件 > 关闭项目"命令，即可关闭当前项目文件。如果对当前文件做了修改却尚未保存，

系统将会弹出图 2-21 所示的提示对话框，询问是否要保存对该
项目文件所做的修改。单击"是"按钮，保存项目文件后退出；
单击"否"按钮，不保存项目文件并直接退出。

图 2-21

2.2.2 撤销与恢复操作

执行"编辑 > 撤销"命令可以撤销上一步的操作，或不满意的操作效果。如果连续执行此命令，
则可连续撤销前面的多步操作。

执行"编辑 > 重做"命令可以取消撤销操作。例如，删除了一个素材，通过"撤销"命令撤销
此操作后，如果又想将这些素材删除，则只需要执行"编辑 > 重做"命令即可。

2.2.3 导入素材

Premiere Pro CS6 支持大部分主流的视频、音频以及图像文件格式。一般素材的导入方式为执
行"文件 > 导入"命令，在"导入"对话框中选择所需要的文件格式和文件即可，如图 2-22 所示。

1. 导入图层文件

执行"文件 > 导入"命令，弹出"导入"对话框，选择用 Photoshop、Illustrator 等制作的含
有图层的文件格式，选择需要导入的文件，单击"打开"按钮，系统会弹出图 2-23 所示的"导入分
层文件"对话框。

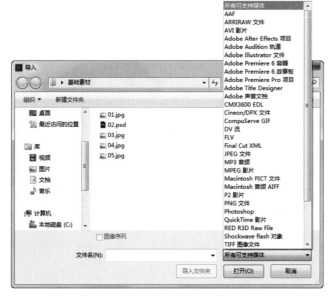

图 2-22

图 2-23

"导入为"下拉列表框用于设置含有图层的素材的导入方式，可选择"合并所有图层""合并
图层""单层"或"序列"。

这里选择"序列"选项，如图 2-24 所示。单击"确定"按钮后，在"项目"面板中会自动生成
一个文件夹，其中包括序列文件和图层素材，如图 2-25 所示。以序列的方式导入图层后，软件会按
照图层的排列方式自动生成一个序列，用户可以打开该序列设置动画并进行编辑。

图 2-24   图 2-25

2. 导入图片

（1）在"项目"面板的空白区域双击，弹出"导入"对话框，找到序列文件所在的文件夹，勾选"图像序列"复选框，如图 2-26 所示。

（2）单击"打开"按钮，导入素材。序列文件导入后的"项目"面板如图 2-27 所示。

图 2-26   图 2-27

2.2.4　重命名素材

在"项目"面板中的素材上单击鼠标右键，在弹出的快捷菜单中执行"重命名"命令，素材名称处于可编辑状态，如图 2-28 所示，此时输入新名称即可重命名素材。

提示：重命名素材操作在一部影片中重复使用一个素材，或复制了一个素材并为之设定新的入点和出点时极其有用，灵活运用此操作可以避免在"项目"面板和序列中观看复制的素材时产生混淆。

2.2.5　组织素材

单击"项目"面板下方的"新建文件夹"按钮，系统会自动创建新文件夹，如图 2-29 所示，此文件夹可以用于将节目中的素材分门别类、有条不紊地组织起来并进行管理。

图 2-28 图 2-29

2.3 关键帧

Premiere Pro CS6 提供了关键帧的设置，该操作在"特效控制台"面板中完成。若需要使效果属性随时间改变，则可以使用关键帧技术。

慕课视频

关键帧

2.3.1 关于关键帧

当创建了一个关键帧后，就可以指定一个效果属性在确切的时间点上的值。当为多个关键帧赋予不同的值时，Premiere Pro CS6 会自动计算关键帧之间的值，这个处理过程被称为"插补"。大多数标准效果都可以通过在素材的整个时间长度中设置关键帧来实现，固定效果（如位置和缩放），可以通过设置关键帧使素材产生动画来实现，也可以通过移动、复制、删除关键帧或改变插补的模式来实现。

13

2.3.2 激活关键帧

要设置动画效果属性，必须激活属性的关键帧。任何支持关键帧的效果，其属性前面都有"切换动画"按钮，单击该按钮即可插入一个关键帧。插入关键帧（即激活关键帧）后，就可以添加和调整素材所需的属性，如图 2-30 所示。

图 2-30

慕课视频

文件输出

2.4 文件输出

2.4.1 输出格式

在 Premiere Pro CS6 中，可以输出多种文件格式，包括视频格式、音频格式、静态图像格式和序列图像格式等，下面进行详细介绍。

1．输出的视频格式

在 Premiere Pro CS6 中，可以输出多种视频格式，常用的有以下几种。

（1）AVI：AVI（Audio Video Interleaved）是 Windows 操作系统中使用的视频文件格式。它适用于多媒体，用来保存电视、电影等各种影像信息。它的优点是兼容性好、图像质量好、调用方便，缺点是文件较大。

（2）GIF：GIF 是动画文件格式，可以显示视频运动的画面，但不包含音频部分。它适用于网页设计和 Banner 设计等。它的优点是支持无损耗压缩和透明度，缺点是只支持 256 色调色板和有限的透明度。

（3）QuickTime：QuickTime 是用于 Windows 操作系统和 Mac OS 操作系统的视频文件格式。它适用于多媒体的播放和架构。它的优点是在各种 apple 设备上可以无缝兼容，缺点是文件较大，传输时间长。

（4）DVD：DVD（Digital Versatile/Video Disc）是高密度视频格式。它适用于创建 DVD 或蓝光光盘的文件。它的优点是用途广、容量大、格式多、读写快。

（5）DV：DV（Digital Video Format）是家用数字视频格式。它适用于将序列直接录制到 DV 磁带录像器。它的优点是文件小。

2．输出的音频格式

在 Premiere Pro CS6 中可以输出多种音频格式，其主要输出的音频格式有以下几种。

（1）WMA：WMA（Windows Media Audio）是微软公司推出的一种音频格式。它适用于网络串流媒体及行动装置。它的优点是可以在较低的采样率下压缩出近于 CD 音质的音乐，缺点是有损压缩，且需要购买版权。

（2）WAV：WAV 是微软公司推出的一种声音文件格式，是最早的数字音频格式。它适用于 Windows 平台及其应用程序。它的优点是采样率高、音质好，缺点是文件大。

（3）MP3：MP3（MPEG Audio Layer3）是一种数据压缩格式。它适用于软件应用和便携式媒体播放器。它的优点是以高音质，低采样率对数字音频文件进行压缩，文件小，缺点是有损压缩。

此外，Premiere Pro CS6 还可以输出 Real Media 和 Quick Time 格式的音频。

3．输出的图像格式

在 Premiere Pro CS6 中，可以输出多种图像格式，主要输出的图像格式有以下几种。

（1）静态图像格式：Targa、TIFF 和 Windows Bitmap。

（2）序列图像格式：GIF Sequence、Targa Sequence 和 Windows Bitmap Sequence。

2.4.2 影片预演

影片预演是视频编辑过程中对编辑效果进行检查的重要手段，也是视频编辑工作的一部分。影片预演分为两种，一种是实时预演，另一种是生成预演，下面分别进行介绍。

1．影片实时预演

实时预演，也称为"实时预览"，即平时所说的预览。进行影片实时预演的具体操作步骤如下。

（1）影片编辑制作完成后，在"时间线"面板中将时间标签移动到需要预演的片段开始位置，如图 2-31 所示。

（2）在"节目"窗口中单击"播放 / 停止切换"按钮 ▶ / ■（或按 Space 键），系统开始播放影片，在"节目"窗口中预览影片的最终效果，如图 2-32 所示。

图 2-31   图 2-32

2．影片生成预演

影片生成预演是指计算机对画面进行运算，先生成预演文件，然后再播放。生成预演播放的画面是平滑的，不会产生停顿或跳跃，所表现出来的画面效果和渲染输出的效果是完全一致的。进行影片生成预演的具体操作步骤如下。

（1）影片编辑制作完成以后，在"时间线"面板中拖曳工具区范围条 ▮▮▮ 的两端，以确定要生成影片预演的范围，如图 2-33 所示。

（2）执行"序列 > 渲染完整工作区域"命令，系统开始进行渲染，并弹出"正在渲染"对话框显示渲染进度，如图 2-34 所示。

图 2-33   图 2-34

（3）在"正在渲染"对话框中单击"渲染详细信息"选项左侧的 ▶ 按钮，展开"详细信息"选项组，可以查看"消耗时间""空闲磁盘空间"等信息，如图 2-35 所示。

（4）渲染结束后，系统会自动播放该片段。在"时间线"面板中，预演部分将会显示为绿色线条，其他部分则保持为黄色线条，如图 2-36 所示。

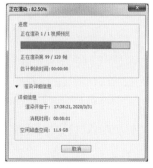

图 2-35   图 2-36

（5）如果用户先设置了预演文件的保存路径，则可在该路径下找到预演生成的临时文件，如图2-37所示。双击该文件，可以脱离 Premiere Pro CS6 程序进行播放，如图2-38所示。

图 2-37

图 2-38

生成的预演文件可以重复使用，用户下一次预演该片段时软件会自动使用该预演文件。在关闭该项目文件时如果不进行保存，预演生成的临时文件会被自动删除。如果用户在修改预演区域片段的内容后再次预演，就会重新渲染并生成新的预演临时文件。

2.4.3　输出参数

影片制作完成后即可输出，在输出影片之前，需要设置一些基本参数，具体操作步骤如下。

（1）在"时间线"面板中选择需要输出的视频序列，执行"文件 > 导出 > 媒体"命令，在弹出的对话框中进行设置，如图2-39所示。

图 2-39

（2）在对话框右侧的"导出设置"选项组中设置文件的输出格式以及输出区域等属性。

1. 格式

用户可以将输出的影片设置为不同的格式，以适应不同的需要。"格式"下拉列表框中可供选择的媒体格式如图 2-40 所示。

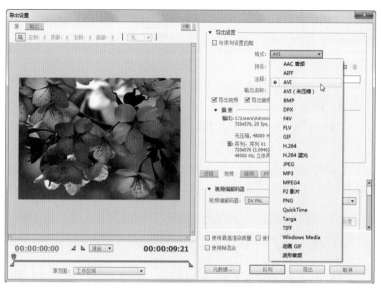

图 2-40

2. 导出视频

勾选"导出视频"复选框，可输出整个编辑项目的视频部分；若取消勾选，则不能输出视频部分。

在"视频"选项卡中，可以为输出的视频指定视频编码器、品质以及影片尺寸等相关选项的参数，如图 2-41 所示。

3. 导出音频

勾选"导出音频"复选框，可输出整个编辑项目的音频部分；若取消勾选，则不能输出音频部分。

在"音频"选项卡中，可以为输出的音频指定压缩方式、采样速率以及样本大小等相关选项的参数，如图 2-42 所示。

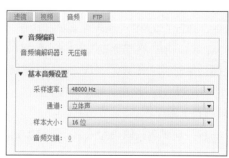

图 2-41   图 2-42

2.4.4 渲染输出

Premiere Pro CS6 可以渲染输出多种格式文件，从而使视频剪辑更加方便灵活。本小节重点介绍各种常用格式文件渲染输出的方法。

1. 输出单帧图像

在视频编辑时可以将画面的某一帧输出，以便给视频制作定格效果。在 Premiere Pro CS6 中输出单帧图像的具体操作步骤如下。

（1）在 Premiere Pro CS6 的"时间线"面板中添加一段视频文件，执行"文件 > 导出 > 媒体"命令，弹出"导出设置"对话框。在"格式"下拉列表框中选择"TIFF"选项，设置文件的输出名称和保存路径，勾选"导出视频"复选框，取消勾选"导出为序列"复选框其他参数保持默认状态，如图 2-43 所示。

图 2-43

（2）单击"导出"按钮，输出单帧图像。输出单帧图像时，最关键的是时间标签的定位，它决定了单帧输出时的图像内容。

2. 输出音频文件

Premiere Pro CS6 可以将影片中的一段声音或影片中的歌曲单独输出，制作成音频文件。输出音频文件的具体操作步骤如下。

（1）在 Premiere Pro CS6 的"时间线"面板中添加一个有声音的视频文件或打开一个有声音的项目文件，执行"文件 > 导出 > 媒体"命令，弹出"导出设置"对话框。在"格式"下拉列表框中选择"MP3"选项，在"预设"下拉列表框中选择"MP3 128kbps"选项，设置文件的输出名称和保存路径，勾选"导出音频"复选框，其他参数保持默认状态，如图 2-44 所示。

（2）单击"导出"按钮，输出音频文件。

3. 输出整个影片

输出影片是最常用的输出方式之一。将编辑完成的项目文件以视频格式输出时，可以输出编辑内容的全部或者某一部分，也可以只输出视频内容或者只输出音频内容，一般都会将全部的视频和音频一起输出。

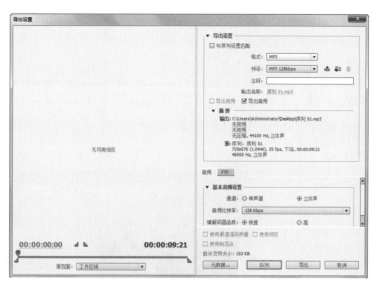

图 2-44

下面以 AVI 格式为例介绍输出影片的方法，具体操作步骤如下。

（1）在 Premiere Pro CS6 的"时间线"面板上添加一段视频文件。执行"文件 > 导出 > 媒体"命令，弹出"导出设置"对话框。在"格式"选项的下拉列表中选择"AVI"选项，在"预设"选项的下拉列表中选择"PAL DV"选项，在"输出名称"文本框中输入文件名并设置文件的保存路径，勾选"导出视频"和"导出音频"复选框，如图 2-45 所示。

（2）设置完成后，单击"导出"按钮，输出 AVI 格式影片。

图 2-45

（3）设置文件的输出名称和保存路径，勾选"导出视频"复选框和"导出音频"复选框。

（4）设置完成后，单击"导出"按钮，输出 AVI 格式影片。

4. 输出静态图片序列

在 Premiere Pro CS6 中，可以将视频输出为静态图片序列，即将视频画面的每一帧都输出为一张静态图片，这一系列图片中的每一张图片都具有一个自动生成的编号。这些输出的序列图片可用于 3D 软件中的动态贴图，并且可以移动和存储。输出静态图片序列的具体操作步骤如下。

（1）在 Premiere Pro CS6 的"时间线"面板中添加一段视频文件，设定只输出视频的一部分内容，如图 2-46 所示。

（2）执行"文件 > 导出 > 媒体"命令，弹出"导出设置"对话框。在"格式"下拉列表框中选择"TIFF"选项，在"预设"下拉列表框中选择"PAL DV 序列"选项，设置文件的输出名称和保存路径，勾选"导出视频"复选框，在"视频"选项卡中勾选"导出为序列"复选框，其他参数保持默认状态，如图 2-47 所示。

图 2-46

图 2-47

（3）单击"导出"按钮，输出静态图片序列。输出完成后的静态图片序列文件如图 2-48 所示。

图 2-48

第 3 章

字幕

03

▶ **本章介绍**

　　本章主要介绍字幕的制作方法，并对字幕编辑窗口中的各项功能及使用方法进行详细的介绍。通过对本章的学习，读者应能掌握编辑字幕的技巧。

学习目标

● 了解字幕编辑窗口。

● 熟练掌握创建、编辑与修饰字幕的方法。

● 掌握创建运动字幕的技巧。

技能目标

● 掌握"海鲜火锅宣传广告"案例的制作方法。

● 掌握"化妆品广告"案例的制作方法。

● 掌握"美食宣传广告"案例的制作方法。

字幕

3.1 创建字幕

3.1.1 课堂案例——制作海鲜火锅宣传广告

【案例学习目标】学习输入垂直文字。

【案例知识要点】使用"导入"命令导入素材文件，使用"字幕"命令创建字幕。海鲜火锅宣传广告效果如图 3-1 所示。

【效果所在位置】Ch03/ 海鲜火锅宣传广告 / 海鲜火锅宣传广告 . prproj。

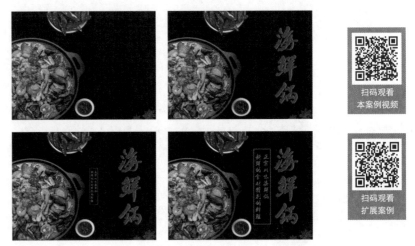

扫码观看
本案例视频

扫码观看
扩展案例

图 3-1

（1）启动 Premiere Pro CS6，弹出欢迎界面，单击"新建项目"按钮 📄，弹出"新建项目"对话框。在"位置"选项右侧设置文件保存路径，在"名称"文本框中输入文件名"海鲜火锅宣传广告"，如图 3-2 所示。单击"确定"按钮，弹出"新建序列"对话框，在左侧的"有效预设"列表中展开"DV‐PAL"选项，选择"标准 48kHz"模式，如图 3-3 所示，单击"确定"按钮，完成序列的创建。

图 3-2   图 3-3

（2）执行"文件 > 导入"命令，弹出"导入"对话框，选择本书素材中的"Ch03/ 海鲜火锅宣

传广告 / 素材 /01.jpg"文件,如图 3-4 所示。单击"打开"按钮,将素材文件导入"项目"面板中,如图 3-5 所示。

图 3-4 　　　　　　　　　　　　　　　　　图 3-5

(3)在"项目"面板中选中"01.jpg"文件,并将其拖曳到"时间线"面板中的"视频1"轨道中,如图 3-6 所示。

图 3-6

(4)执行"文件 > 新建 > 字幕"命令,弹出"新建字幕"对话框,如图 3-7 所示。单击"确定"按钮,弹出字幕编辑窗口。

(5)选择"垂直文字"工具 ,在字幕工作区中输入"海鲜锅"。在"字幕属性"选项卡中选择需要的字体,勾选并展开"填充"选项组,将"颜色"选项设置为红色(186、0、0);添加外侧描边,将"颜色"选项设置为土黄色(195、133、89),其他选项的设置如图 3-8 所示。关闭字幕编辑窗口,新建的字幕文件将自动保存到"项目"面板中。

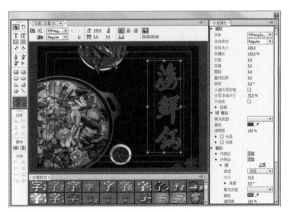

图 3-7 　　　　　　　　　　　　　　　　　图 3-8

(6)按 Ctrl+T 组合键,弹出"新建字幕"对话框,单击"确定"按钮,弹出字幕编辑窗口。选择

"垂直区域文字"工具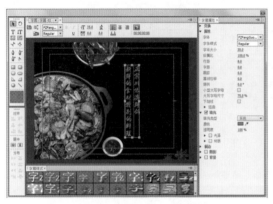，拖曳出一个文本框并输入需要的文字。在"字幕属性"选项卡中选择需要的字体，勾选并展开"填充"选项组，将"颜色"选项设置为土黄色（195、133、89），其他选项的设置如图 3-9 所示。

（7）选择"矩形"工具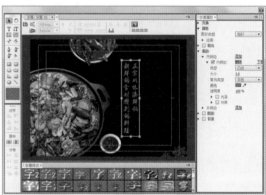，在字幕工作区中绘制矩形。在"字幕属性"选项卡中添加内侧描边，将描边的"颜色"选项设置为土黄色（195、133、89），其他选项的设置如图 3-10 所示。关闭字幕编辑窗口，新建的字幕文件将自动保存到"项目"面板中。

图 3-9

图 3-10

（8）在"项目"面板中选中"字幕 01"文件，并将其拖曳到"时间线"面板中的"视频 2"轨道中，如图 3-11 所示。执行"窗口 > 效果"命令，弹出"效果"面板，展开"视频切换"文件夹，单击"滑动"文件夹前面的三角形按钮▶将其展开，选择"推"特效，如图 3-12 所示。将"推"特效拖曳到"时间线"面板"视频 2"轨道中的"字幕 01"文件的开始位置，如图 3-13 所示。

图 3-11

图 3-12

图 3-13

（9）将时间标签放置在 01:05s 的位置，在"项目"面板中选中"字幕 02"文件，并将其拖曳到"时间线"面板中的"视频 3"轨道中，如图 3-14 所示。将鼠标指针放在"字幕 02"文件的结束位置，当鼠标指针呈◀┃▶状时，向左拖曳鼠标指针到"字幕 01"文件的结束位置，如图 3-15 所示。

图 3-14

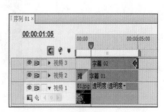

图 3-15

（10）在"效果"面板中单击"缩放"文件夹前面的三角形按钮▶将其展开，选择"缩放"特效，如图3-16所示。将"缩放"特效拖曳到"时间线"面板"视频3"轨道中的"字幕02"文件的开始位置，如图3-17所示。至此，海鲜火锅宣传广告制作完成。

图 3-16   图 3-17

3.1.2 创建水平或垂直排列文字

打开字幕编辑窗口后，可以根据需要利用字幕工具箱中的"输入"工具 T 或者"垂直文字"工具 IT 创建水平或者垂直排列的字幕文字，具体操作步骤如下。

（1）在字幕工具箱中选择"输入"工具 T 或"垂直文字"工具 IT 。

（2）在字幕工作区中单击并输入文字，如图3-18和图3-19所示。

图 3-18   图 3-19

3.1.3 创建路径文字

利用字幕工具箱中的"路径文字"工具 或者"垂直路径文字"工具 可以创建路径文字，具体操作步骤如下。

（1）在字幕工具箱中选择"路径文字"工具 或"垂直路径文字"工具 。

（2）移动鼠标指针到字幕工作区中，鼠标指针变为钢笔状，在需要输入文字的位置单击。

（3）将鼠标指针移动到另一个位置再次单击，此时会出现一条曲线，即文本路径。

（4）选择文字输入工具（任何一种都可以），在路径上单击并输入文字，如图3-20和图3-21所示。

图 3-20   图 3-21

3.1.4 创建段落字幕文字

利用字幕工具箱中的"区域文字"工具 或"垂直区域文字"工具 可以创建段落文本，具体操作步骤如下。

（1）在字幕工具箱中选择"区域文字"工具 或"垂直区域文字"工具 。

（2）移动鼠标指针到字幕工作区中，单击并按住鼠标左键不放，从左上角向右下角拖曳出一个矩形框，然后输入文字，如图 3-22 和图 3-23 所示。

图 3-22

图 3-23

3.2 编辑字幕

3.2.1 课堂案例——制作化妆品广告

【案例学习目标】学习输入并编辑水平文字。

【案例知识要点】使用"导入"命令导入素材文件，使用"字幕"命令创建字幕，使用"球面化"特效制作文字动画效果。化妆品广告效果如图 3-24 所示。

【效果所在位置】Ch03/ 化妆品广告 / 化妆品广告 . prproj。

扫码观看
本案例视频

图 3-24

（1）启动 Premiere Pro CS6，弹出欢迎界面，单击"新建项目"按钮 ，弹出"新建项目"对话框。在"位置"选项右侧设置文件保存路径，在"名称"文本框中输入文件名"化妆品广告"，如图 3-25 所示。单击"确定"按钮，弹出"新建序列"对话框，在左侧的"有效预设"列表中展开"DV－PAL"选项，选择"标准 48kHz"模式，如图 3-26 所示，单击"确定"按钮，完成序列的创建。

图 3-25   图 3-26

（2）执行"文件 > 导入"命令，弹出"导入"对话框，选择本书素材中的"Ch03/ 化妆品广告 / 素材 /01.jpg"文件，如图 3-27 所示。单击"打开"按钮，将素材文件导入"项目"面板中，如图 3-28 所示。

图 3-27   图 3-28

（3）在"项目"面板中选中"01.jpg"文件，并将其拖曳到"时间线"面板中的"视频 1"轨道中，如图 3-29 所示。

（4）选择"文件 > 新建 > 字幕"命令，弹出"新建字幕"对话框，如图 3-30 所示。单击"确定"按钮，弹出字幕编辑窗口。

（5）选择"输入"工具 $\boxed{T}$，在字幕工作区中输入"丽雅美白霜"。在"字幕属性"选项卡中选择需要的字体，勾选并展开"填充"选项组，将"颜色"选项设置为深绿色（27、89、0）；勾选并展开"阴影"选项组，将"颜色"选项设置为黑色，其他选项的设置如图 3-31 所示。关闭字幕编辑窗口，新建的字幕文件将自动保存到"项目"面板中。

图 3-29

图 3-30　　　　　　　　　　　　　图 3-31

（6）按 Ctrl+T 组合键，弹出"新建字幕"对话框，单击"确定"按钮，弹出字幕编辑窗口。选择"路径文字"工具，在字幕工作区中绘制一条曲线，如图 3-32 所示，在路径上单击插入光标，输入需要的文字。在"字幕属性"选项卡中选择需要的字体，勾选并展开"填充"选项组，将"颜色"选项设置为深绿色（27、89、0），如图 3-33 所示。

图 3-32　　　　　　　　　　　　　图 3-33

（7）关闭字幕编辑窗口，新建的字幕文件将自动保存到"项目"面板中，如图 3-34 所示。用相同的方法创建其他字幕，如图 3-35 所示。

图 3-34　　　　　图 3-35

（8）在"项目"面板中，选中"字幕 01"文件并将其拖曳到"时间线"面板中的"视频 2"轨道中，如图 3-36 所示。执行"窗口 > 效果"命令，弹出"效果"面板，展开"视频特效"分类选项，单击"扭曲"文件夹前面的三角形按钮 将其展开，选中"球面化"特效，如图 3-37 所示。将"球面化"特效拖曳到"时间线"面板"视频 2"轨道中的"字幕 01"文件上，如图 3-38 所示。

图 3-36　　　　　　　　　　　图 3-37　　　　　　　　　　　图 3-38

（9）选择"特效控制台"面板，展开"球面化"特效。将"球面中心"选项设置为 100.0 和 288.0，分别单击"半径"和"球面中心"选项左侧的"切换动画"按钮，如图 3-39 所示，记录第 1 个动画关键帧。将时间标签放置在 01:00s 的位置，在"特效控制台"面板中将"半径"选项设置为 250.0，"球面中心"选项设置为 150.0 和 288.0，如图 3-40 所示，记录第 2 个动画关键帧。

图 3-39　　　　　　　　　　　　　　　　　　图 3-40

（10）将时间标签放置在 02:00s 的位置，在"特效控制台"面板中将"球面中心"选项设置为 500.0 和 288.0，单击"半径"选项右侧的"添加 / 移除关键帧"按钮，如图 3-41 所示，记录第 3 个动画关键帧。将时间标签放置在 03:00s 的位置，在"特效控制台"面板中将"半径"选项设置为 0，"球面中心"选项设置为 600.0 和 288.0，如图 3-42 所示，记录第 4 个动画关键帧。

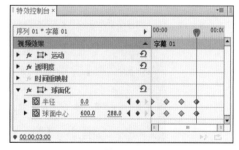

图 3-41　　　　　　　　　　　　　　　　　　图 3-42

（11）将时间标签放置在 00:00s 的位置，在"项目"面板中选中"字幕 02"文件，并将其拖曳到"时间线"面板中的"视频 3"轨道中，如图 3-43 所示。执行"序列 > 添加轨道"命令，在弹出的"添加视音轨"对话框中进行相关设置，如图 3-44 所示，单击"确定"按钮，在"时间线"面板中添加两条视频轨道，如图 3-45 所示。

图 3-43　　　　　　　　　　　　图 3-44　　　　　　　　　　　　图 3-45

（12）在"项目"面板中选中"字幕03"和"字幕04"文件，并分别将其拖曳到"时间线"面板中的"视频4"轨道和"视频5"轨道中，如图3-46所示。至此，化妆品广告制作完成，如图3-47所示。

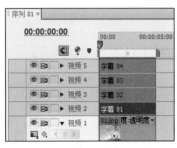

图 3-46　　　　　　　　　　　　　　　图 3-47

3.2.2　编辑字幕文字

1. 文字对象的选中与移动

（1）选择"选择"工具，将鼠标指针移动至字幕工作区，单击要选中的字幕文字即可将其选中，此时字幕文字的四周出现带有8个控制点的矩形框，如图3-48所示。

（2）在字幕文字处于选中的状态下，将鼠标指针移动至矩形框内，单击并按住鼠标左键拖曳即可实现文字对象的移动，如图3-49所示。

图 3-48　　　　　　　　　　　　　　图 3-49

2. 文字对象的缩放和旋转

（1）选择"选择"工具，单击文字对象将其选中。

（2）将鼠标指针移至矩形框的任意一个控制点上，当鼠标指针呈 、 或 状时，单击并按住鼠标右键拖曳即可实现文字对象的缩放。如果按住Shift键的同时进行拖曳，则可以实现等比例缩放，如图3-50所示。

（3）在文字处于选中的情况下选择"旋转"工具，将鼠标指针移动至字幕工作区，单击并按住鼠标左键拖曳即可实现文字对象的旋转，如图3-51所示。

图 3-50　　　　　　　　　　　　　　　图 3-51

3．改变文字对象的方向

（1）选择"选择"工具，单击文字对象将其选中。

（2）执行"字幕 > 方向 > 垂直"命令，即可改变文字对象的排列方向，如图3-52和图3-53所示。

图 3-52　　　　　　　　　　　　　　　图 3-53

3.2.3　设置字幕属性

通过"字幕属性"选项卡，用户可以非常方便地对字幕文字进行修饰，包括调整其位置、透明度、字体、字号、颜色和为文字添加阴影等。

1．变换设置

在"字幕属性"选项卡的"变换"选项组中，可以对字幕文字或图形的透明度、位置、高度、宽度以及旋转等属性进行设置，如图3-54所示。

2．属性设置

在"字幕属性"选项卡的"属性"选项组中，可以对字幕文字的字体、尺寸、外观、字距、扭曲等基本属性进行设置，如图3-55所示。

3．填充设置

在"字幕属性"选项卡的"填充"选项组中，可以设置字幕文字或者图形的填充类型、颜色和透明度等属性，如图3-56所示。

4．描边设置

在"字幕属性"选项卡的"描边"选项组中，可以设置字幕文字或图形的描边效果，还可以设置内侧描边和外侧描边，如图3-57所示。

5．阴影设置

在"字幕属性"选项卡的"阴影"选项组中，可以为字幕文字或图形添加阴影效果，如图3-58所示。

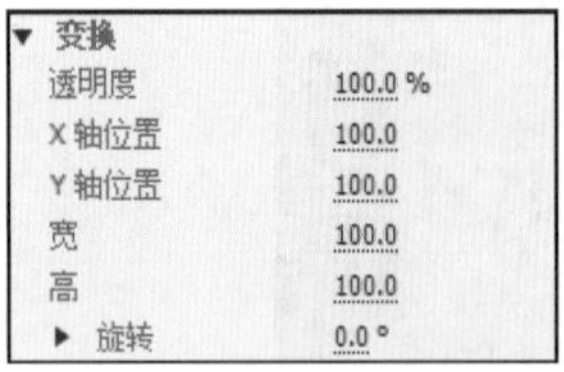

▼ 变换	
透明度	100.0 %
X 轴位置	100.0
Y 轴位置	100.0
宽	100.0
高	100.0
▶ 旋转	0.0 °

图 3-54

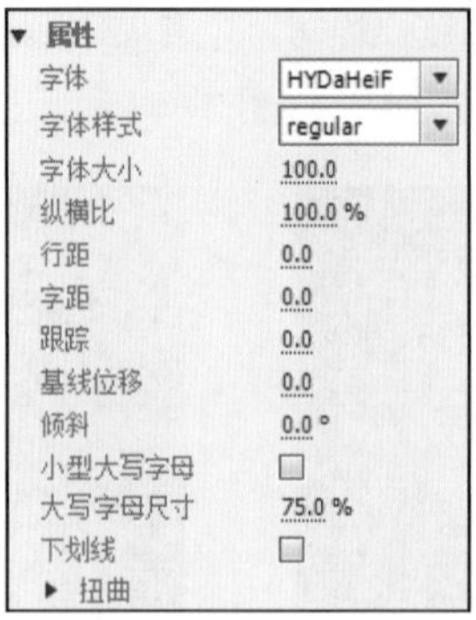

▼ 属性	
字体	HYDaHeiF ▼
字体样式	regular ▼
字体大小	100.0
纵横比	100.0 %
行距	0.0
字距	0.0
跟踪	0.0
基线位移	0.0
倾斜	0.0 °
小型大写字母	☐
大写字母尺寸	75.0 %
下划线	☐
▶ 扭曲	

图 3-55

▼ ☑ 填充	
填充类型	实色 ▼
颜色	🖉
透明度	100 %
▶ ☐ 光泽	
▶ ☐ 材质	

图 3-56

图 3-57

图 3-58

3.3 创建运动字幕

3.3.1 课堂案例——制作美食宣传广告

【案例学习目标】学习输入和编辑水平文字，并创建运动字幕。

【案例知识要点】使用"字幕"命令输入文字并编辑属性，使用"滚动 / 游动选项"按钮制作滚动文字效果。美食宣传广告效果如图 3-59 所示。

【效果所在位置】Ch03/ 美食宣传广告 / 美食宣传广告 . prproj。

扫码观看
本案例视频

扫码观看
扩展案例

图 3-59

（1）启动 Premiere Pro CS6，弹出欢迎界面，单击"新建项目"按钮 ![](，弹出"新建项目"对话框，在"位置"选项右侧设置文件保存路径，在"名称"文本框中输入文件名"美食宣传广告"，如图 3-60 所示。单击"确定"按钮，弹出"新建序列"对话框，在左侧的"有效预设"列表中展开"DV－PAL"选项，选择"标准 48kHz"模式，如图 3-61 所示，单击"确定"按钮，完成序列的创建。

（2）执行"文件 > 导入"命令，弹出"导入"对话框，选择本书素材中的"Ch03/ 美食宣传广告 / 素材 /01.jpg"文件，如图 3-62 所示。单击"打开"按钮，将素材文件导入"项目"面板中，如图 3-63 所示。

图 3-60

图 3-61

图 3-62

图 3-63

（3）在"项目"面板中选中"01.jpg"文件，并将其拖曳到"时间线"面板中的"视频 1"轨道中，如图 3-64 所示。

（4）将时间标签放置在 08:00s 的位置，将鼠标指针放在"01.jpg"文件的结束位置，当鼠标指针呈 ![]状时，向右拖曳鼠标指针到 08:00s 的位置，如图 3-65 所示。

（5）执行"文件 > 新建 > 字幕"命令，弹出"新建字幕"对话框，如图 3-66 所示。单击"确定"按钮，弹出字幕编辑窗口。选择"输入"工具 ![T]，在字幕工作区中输入"咖喱鸡排盖饭"。在"字幕属性"选项卡中选择需要的字体，勾选并展开"填充"选项组，将"颜色"选项设置为白色；

添加外侧描边，将"颜色"选项设置为绿色（0、124、54），其他选项的设置如图 3-67 所示。关闭字幕编辑窗口，新建的字幕文件将自动保存到"项目"面板中。

图 3-64

图 3-65

图 3-66

图 3-67

（6）按 Ctrl+T 组合键，弹出"新建字幕"对话框，单击"确定"按钮，弹出字幕编辑窗口。选择"输入"工具 **T**，在字幕工作区中输入"新品上市"。在"字幕属性"选项卡中选择需要的字体，勾选并展开"填充"选项组，将"颜色"选项设置为红色（217、71、0）；添加外侧描边，将"颜色"选项设置为白色，其他选项的设置如图 3-68 所示。

（7）单击"滚动 / 游动选项"按钮 **≣↓**，在弹出的对话框中进行设置，如图 3-69 所示，单击"确定"按钮。关闭字幕编辑窗口，新建的字幕文件将自动保存到"项目"面板中。

图 3-68

图 3-69

（8）按 Ctrl+T 组合键，弹出"新建字幕"对话框，单击"确定"按钮，弹出字幕编辑窗口。选择

"椭圆形"工具 ，按住 Shift 键的同时在字幕工作区中绘制圆形。在"字幕属性"选项卡中勾选并展开"填充"选项组，将"颜色"选项设置为橘红色（239、79、0）；添加外侧描边，将"颜色"选项设置为浅黄色（255、254、207），其他选项的设置如图 3-70 所示。

（9）选择"输入"工具 T，在字幕工作区中输入"15"，在"字幕属性"选项卡中勾选并展开"填充"选项组，将"颜色"选项设置为白色，其他选项的设置如图 3-71 所示。

图 3-70

图 3-71

（10）用相同的方法输入其他需要的文字，如图 3-72 所示。选择"选择"工具，将圆形和文字同时选中，如图 3-73 所示。单击"滚动/游动选项"按钮，在弹出的对话框中进行设置，如图 3-74 所示，单击"确定"按钮。关闭字幕编辑窗口，新建的字幕文件将自动保存到"项目"面板中。

图 3-72

图 3-73

图 3-74

（11）在"项目"面板中选中"字幕01"文件，并将其拖曳到"时间线"面板中的"视频2"轨道中，如图 3-75 所示。将鼠标指针放在"字幕01"文件的结束位置，当鼠标指针呈 状时，向右拖曳鼠标指针到"01.jpg"文件的结束位置，如图 3-76 所示。

图 3-75

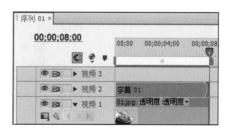

图 3-76

（12）将时间标签放置在00:00s的位置，选中"时间线"面板"视频2"轨道中的"字幕01"文件。选择"特效控制台"面板，展开"透明度"选项，将"透明度"选项设置为0.0%，记录第1个动画关键帧，如图3-77所示。将时间标签放置在02:22s的位置，在"特效控制台"面板中将"透明度"选项设置为100.0%，记录第2个动画关键帧，如图3-78所示。

图 3-77

图 3-78

（13）将时间标签放置在03:05s的位置。在"项目"面板中选中"字幕02"文件，并将其拖曳到"时间线"面板中的"视频3"轨道中。将鼠标指针放在"字幕02"文件的结束位置，当鼠标指针呈◀状时，向左拖曳鼠标指针到"01.jpg"文件的结束位置，如图3-79所示。

（14）执行"序列 > 添加轨道"命令，在弹出的"添加视音轨"对话框中进行设置，如图3-80所示。单击"确定"按钮，在"时间线"面板中添加一条视音频轨道。

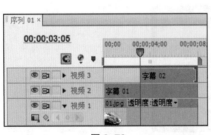
图 3-79

图 3-80

（15）在"项目"面板中选中"字幕03"文件，并将其拖曳到"时间线"面板中的"视频4"轨道中。将鼠标指针放在"字幕03"文件的结束位置，当鼠标指针呈◀状时，向左拖曳鼠标指针到"01.jpg"文件的结束位置，如图3-81所示。至此，美食宣传广告制作完成。

图 3-81

3.3.2 制作垂直滚动字幕

制作垂直滚动字幕的具体操作步骤如下。

（1）启动 Premiere Pro CS6，在"项目"面板中导入素材并将其添加到"时间线"面板中的视频轨道上。

（2）执行"字幕 > 新建字幕 > 默认静态字幕"命令，在弹出的"新建字幕"对话框中设置字幕的名称，单击"确定"按钮，打开字幕编辑窗口，如图 3-82 所示。

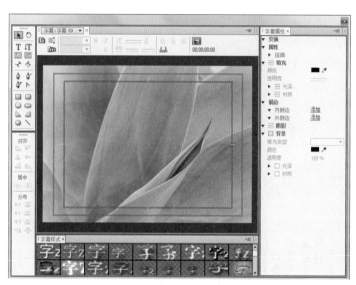

图 3-82

（3）选择"输入"工具 T，在字幕工作区中单击并按住鼠标左键拖曳出一个矩形框，输入文字内容并对文字属性进行相应的设置，如图 3-83 所示。

（4）单击"滚动 / 游动选项"按钮，在弹出的对话框中选择"滚动"单选项，在"时间（帧）"选项组中勾选"开始于屏幕外"和"结束于屏幕外"复选框，其他参数的设置如图 3-84 所示。

图 3-83

图 3-84

（5）单击"确定"按钮，再单击窗口右上角的"关闭"按钮关闭字幕编辑窗口，返回 Premiere Pro CS6 的操作界面，制作的字幕会自动保存在"项目"面板中。从"项目"面板中将新建的字幕添加到"时间线"面板的"视频 2"轨道上，并将其长度调整为与轨道 1 中的素材等长，如图 3-85 所示。

（6）单击"节目"窗口下方的"播放 / 停止切换"按钮 ▶ / ■，即可预览字幕的垂直滚动效果，如图 3-86 和图 3-87 所示。

图 3-85

图 3-86

图 3-87

3.3.3 制作横向滚动字幕

制作横向滚动字幕的操作与制作垂直字幕的操作基本相同，具体操作步骤如下。

（1）启动 Premiere Pro CS6，在"项目"面板中导入素材并将其添加到"时间线"面板中的视频轨道上，创建一个字幕文件。

（2）选择"输入"工具 **T**，在字幕工作区中输入需要的文字并对文字属性进行相应的设置，效果如图 3-88 所示。

（3）单击"滚动 / 游动选项"按钮 ，在弹出的对话框中选择"右游动"单选项，在"时间（帧）"选项组中勾选"开始于屏幕外"和"结束于屏幕外"复选框，其他参数的设置如图 3-89 所示。

图 3-88

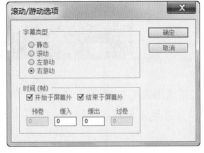

图 3-89

（4）单击"确定"按钮，再单击窗口右上角的"关闭"按钮关闭字幕编辑窗口，返回 Premiere Pro CS6 的操作界面，制作的字幕会自动保存在"项目"面板中。从"项目"面板中将新建的字幕添加到"时间线"面板的"视频 2"轨道上，如图 3-90 所示。

（5）单击"节目"窗口下方的"播放 / 停止切换"按钮 ▶ / ■ ，即可预览字幕的横向滚动效果，如图 3-91 和图 3-92 所示。

图 3-90

图 3-91

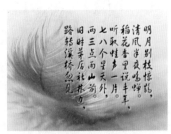

图 3-92

3.4 课堂练习——制作音乐节宣传海报

【练习知识要点】使用"导入"命令导入素材文件，使用"字幕"命令创建字幕，使用不同的过渡特效制作图像过渡效果。音乐节宣传海报效果如图3-93所示。

【效果所在位置】Ch03/ 音乐节宣传海报 / 音乐节宣传海报 . prproj。

图 3-93

3.5 课后习题——制作节目预告片

【习题知识要点】使用"导入"命令导入素材文件，使用"字幕"命令创建字幕，使用"滚动 / 游动选项"按钮制作滚动文字效果。节目预告片效果如图3-94所示。

【效果所在位置】Ch03/ 节目预告片 / 节目预告片 . prproj。

图 3-94

第4章

音频

04

▶ 本章介绍

本章将对音频及音频特效的应用与编辑进行介绍，重点介绍调节音频、合成音频和添加音频特效等操作。通过对本章内容的学习，读者可以掌握 Premiere Pro CS6 的声音特效制作方法。

学习目标

- 掌握调节音频的不同方法。
- 掌握使用"时间线"面板合成音频的方法。
- 掌握添加音频特效的技巧。

技能目标

- 掌握"影视创意混剪"案例的制作方法。
- 掌握"海上运动赏析"案例的制作方法。
- 掌握"城市景色赏析"案例的制作方法。

音频

4.1 调节音频

4.1.1 课堂案例——制作影视创意混剪

【案例学习目标】学习制作音频的淡入淡出效果。

【案例知识要点】使用"导入"命令导入素材文件，在"特效控制台"面板中调整音频的淡入淡出效果。影视创意混剪效果如图 4-1 所示。

【效果所在位置】Ch04/ 影视创意混剪 / 影视创意混剪 . prproj。

扫码观看
本案例视频

扫码观看
扩展案例

图 4-1

（1）启动 Premiere Pro CS6，弹出欢迎界面，单击"新建项目"按钮 📄 ，弹出"新建项目"对话框。在"位置"选项右侧设置文件保存路径，在"名称"文本框中输入文件名"影视创意混剪"，如图 4-2 所示。单击"确定"按钮，弹出"新建序列"对话框，在左侧的"有效预设"列表中展开"DV - PAL"选项，选择"标准 48kHz"模式，如图 4-3 所示，单击"确定"按钮，完成序列的创建。

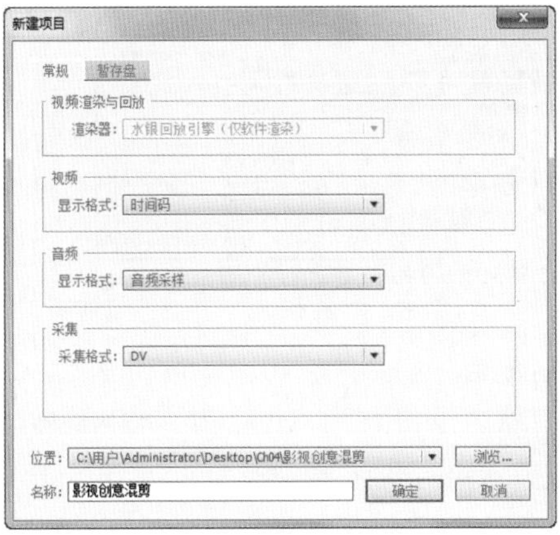

图 4-2

图 4-3

（2）执行"文件 > 导入"命令，弹出"导入"对话框，选择本书素材中的"Ch04/ 影视创意混剪 / 素材 /01.avi、02.mp3"文件，如图 4-4 所示，单击"打开"按钮，将素材文件导入"项目"面板中，如图 4-5 所示。

图 4-4　　　　　　　　　　　　　　　　图 4-5

（3）在"项目"面板中选中"01.avi"文件，并将其拖曳到"时间线"面板中的"视频 1"轨道中，弹出"素材不匹配警告"对话框，如图 4-6 所示，单击"保持现有设置"按钮，将"01.avi"文件放置在"视频 1"轨道中。在"项目"面板中选中"02.mp3"文件，并将其拖曳到"时间线"面板中的"音频 1"轨道中，如图 4-7 所示。

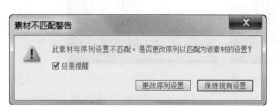

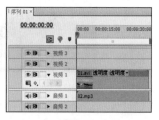

图 4-6　　　　　　　　　　　　　　　　图 4-7

（4）选中"02.mp3"文件，选择"特效控制台"面板，展开"音量"选项，将"级别"选项设置为 -999.0，如图 4-8 所示，记录第 1 个动画关键帧。将时间标签放置在 00:21s 的位置，在"特效控制台"面板中将"级别"选项设置为 0.0dB，如图 4-9 所示，记录第 2 个动画关键帧。

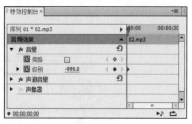

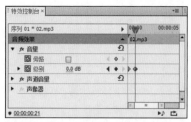

图 4-8　　　　　　　　　　　　　　　　图 4-9

（5）将时间标签放置在 06:22s 的位置，在"特效控制台"面板中将"级别"选项设置为 6.0dB，如图 4-10 所示，记录第 3 个动画关键帧。将时间标签放置在 26:10s 的位置，在"特效控制台"面板中将"级别"选项设置为 0.0dB，如图 4-11 所示，记录第 4 个动画关键帧。

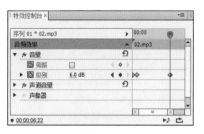

图 4-10

图 4-11

（6）将时间标签放置在 32:12s 的位置，在"特效控制台"面板中将"级别"选项设置为5.7dB，如图 4-12 所示，记录第 5 个动画关键帧。将时间标签放置在 34:21s 的位置，在"特效控制台"面板中将"级别"选项设置为 -999.0，如图 4-13 所示，记录第 6 个动画关键帧。至此，影视创意混剪制作完成。

图 4-12

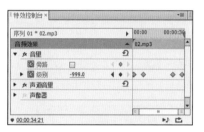

图 4-13

4.1.2 使用淡化器调节音频

"显示素材卷"和"显示轨道卷"命令可以分别用于调节素材和轨道的音量。

（1）在默认情况下，音频轨道区域卷展栏处于关闭状态。单击控制按钮 ▶，展开音频轨道。

（2）选择"钢笔"工具 或"选择"工具 ，使用该工具拖曳音频素材（或轨道）上的黄线即可调整音量，如图 4-14 所示。

（3）按住 Ctrl 键的同时，将鼠标指针移动到音频淡化器上，鼠标指针将变为带有加号的箭头，如图 4-15 所示。

图 4-14

图 4-15

（4）单击添加一个关键帧，用户也可以根据需要添加多个关键帧。单击并按住鼠标左键上下拖曳关键帧，关键帧之间的直线表示音频素材是淡入还是淡出：递增的直线表示音频淡入，递减的直线表示音频淡出，如图 4-16 所示。

（5）用右键单击素材，选择"音频增益"命令，弹出对话框，可以调整一个或多个选定剪辑的增益电平，如图 4-17 所示。

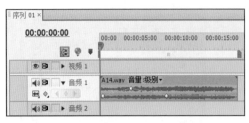

图 4-16　　　　　　　　　　　　　　　　　图 4-17

4.1.3　实时调节音量

使用 Premiere Pro CS6 的调音台调节音量非常方便，用户可以在播放音频的同时实时进行音量调节。使用调音台调节音量的方法如下。

（1）在"时间线"面板左侧单击 按钮，在弹出的列表中选择"显示轨道音量"选项。

（2）在调音台上方需要进行调节的轨道上打开"只读"下拉列表框，在下拉列表框中选择需要的选项，如图 4-18 所示。

（3）单击"播放 / 停止切换"按钮 ▶ / ■ ，"时间线"面板中的音频素材开始播放。拖曳音量控制滑块进行调节，调节完成后，系统会自动保存结果，如图 4-19 所示。

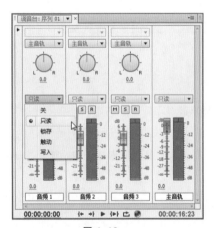

图 4-18

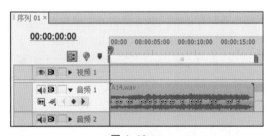

图 4-19

4.2　合成音频

4.2.1　课堂案例——制作海上运动赏析

【案例学习目标】学习编辑音频，调整声道、速度与音调。

【案例知识要点】在"素材速度 / 持续时间"对话框中编辑视频播放快慢效果，使用"平衡"特效调整音频的左右声道，使用"PitchShifter"（音调转换）特效调整音频的速度与音调。海上运动赏析效果如图 4-20 所示。

【效果所在位置】Ch04/ 海上运动赏析 / 海上运动赏析 . prproj。

图 4-20

（1）启动 Premiere Pro CS6，弹出欢迎界面，单击"新建项目"按钮 ，弹出"新建项目"对话框。在"位置"选项右侧设置文件保存路径，在"名称"文本框中输入文件名"海上运动赏析"，如图 4-21 所示。单击"确定"按钮，弹出"新建序列"对话框，在左侧的"有效预设"列表中展开"DV – PAL"选项，选择"标准 48kHz"模式，如图 4-22 所示，单击"确定"按钮，完成序列的创建。

图 4-21   图 4-22

（2）执行"文件 > 导入"命令，弹出"导入"对话框。选择本书素材中的"Ch04/ 海上运动赏析 / 素材 /01.avi、02.mp3、03.mp3"文件，如图 4-23 所示。单击"打开"按钮，将素材文件导入"项目"面板中，如图 4-24 所示。

（3）在"项目"面板中选中"01.avi"文件，并将其拖曳到"时间线"面板中的"视频 1"轨道中，弹出"素材不匹配警告"对话框，如图 4-25 所示，单击"保持现有设置"按钮，将"01.avi"文件放置在"视频 1"轨道中，如图 4-26 所示。

（4）按 Ctrl+R 组合键，弹出"素材速度 / 持续时间"对话框，将"速度"选项设置为 91%，如图 4-27 所示，单击"确定"按钮，"时间线"面板中的显示如图 4-28 所示。

图 4-23

图 4-24

图 4-25

图 4-26

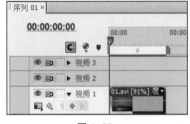

图 4-27

图 4-28

（5）在"项目"面板中选中"02.mp3"文件，并将其拖曳到"时间线"面板中的"音频1"轨道中。选中"03.mp3"文件并将其拖曳到"时间线"面板中的"音频2"轨道中，如图4-29所示。选中"03.mp3"文件，按Ctrl+R组合键，弹出"素材速度/持续时间"对话框，将"速度"选项设置为82%，如图4-30所示。单击"确定"按钮，"时间线"面板中的显示如图4-31所示。

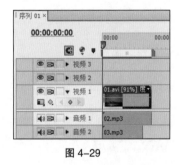

图 4-29

图 4-30

图 4-31

（6）执行"窗口＞效果"命令，弹出"效果"面板，展开"音频特效"文件夹，选中"平衡"特效，如图4-32所示。将"平衡"特效拖曳到"时间线"面板"音频1"轨道中的"02.mp3"文件上，如图4-33所示。选择"特效控制台"面板，展开"平衡"特效，将"平衡"选项设置为100.0，如图4-34所示。

图 4-32

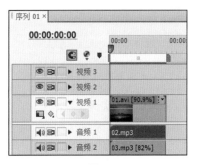
图 4-33

图 4-34

（7）在"效果"面板中选中"平衡"特效，如图 4-35 所示。将"平衡"特效拖曳到"时间线"面板"音频 2"轨道中的"03.mp3"文件上，如图 4-36 所示。选择"特效控制台"面板，展开"平衡"特效，将"平衡"选项设置为 −100.0，如图 4-37 所示。

图 4-35

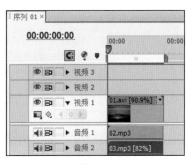
图 4-36

图 4-37

（8）在"效果"面板中选中"PitchShifter"特效，如图 4-38 所示。将"PitchShifter"特效拖曳到"时间线"面板"音频 2"轨道中的"03.mp3"文件上，如图 4-39 所示。选择"特效控制台"面板，展开"PitchShifter"特效，展开"自定义设置"选项组，将"Pitch"选项设置为 +5semi-t.，其他选项的设置如图 4-40 所示。至此，海上运动赏析制作完成。

图 4-38

图 4-39

图 4-40

4.2.2　调整音频持续时间和时间长度

与视频素材的编辑一样，在应用音频素材时，可以对其持续时间和时间长度进行修改，具体操作步骤如下。

（1）选中要调整的音频素材，执行"素材 > 速度 / 持续时间"命令，弹出"素材速度 / 持续时间"对话框，在"持续时间"数值文本框中可以对音频素材的持续时间进行调整，如图 4-41 所示。

（2）在"时间线"面板中直接拖曳音频素材的边缘，可改变音频轨道上音频素材的长度。也可利用"剃刀"工具 ![剃刀] 将音频素材多余的部分切除掉，如图 4-42 所示。

图 4-41

图 4-42

4.2.3　音频增益

音频增益指的是音频信号的声调高低。当一个视频片段同时拥有几个音频素材时，就需要平衡这几个素材的增益。因为如果一个素材的音频信号太高或太低，会严重影响播放时的音频效果。用户可通过以下步骤设置音频增益。

（1）选中"时间线"面板中需要调整的素材，被选中的素材周围会出现黑色实线，如图 4-43 所示。

（2）执行"素材 > 音频选项 > 音频增益"命令，弹出"音频增益"对话框，将鼠标指针移动到选项后面的数值上，当鼠标指针变为手形标记时，单击并按住鼠标左键左右拖曳，增益值将被改变，如图 4-44 所示。

（3）完成设置后，可以通过"源"窗口查看处理后的音频波形变化，播放修改后的音频素材，试听音频效果。

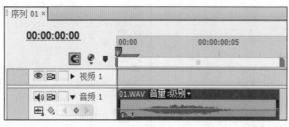

图 4-43

图 4-44

4.3 添加特效

4.3.1 课堂案例——制作城市景色赏析

【案例学习目标】学习制作音频的超重低音效果。

【案例知识要点】使用"色阶"特效调整图像亮度，在"音频增益"对话框中调整音频的品质，使用"低通"特效制作音频低音效果。城市景色赏析效果如图4-45所示。

【效果所在位置】Ch04/城市景色赏析/城市景色赏析.prproj。

图 4-45

（1）启动Premiere Pro CS6，弹出欢迎界面，单击"新建项目"按钮 📄，弹出"新建项目"对话框。在"位置"选项右侧设置文件保存路径，在"名称"文本框中输入文件名"城市景色赏析"，如图4-46所示。单击"确定"按钮，弹出"新建序列"对话框，在左侧的"有效预设"列表中展开"DV－PAL"选项，选择"标准48kHz"模式，如图4-47所示，单击"确定"按钮，完成序列的创建。

图 4-46

图 4-47

（2）执行"文件＞导入"命令，弹出"导入"对话框，选择本书素材中的"Ch04/城市景色赏析/素材/01.avi、02.mp3"文件，如图4-48所示。单击"打开"按钮，将素材文件导入"项目"面板中，如图4-49所示。

图 4-48   图 4-49

（3）在"项目"面板中选中"01.avi"文件，并将其拖曳到"时间线"面板中的"视频1"轨道中，弹出"素材不匹配警告"对话框，如图 4-50 所示，单击"保持现有设置"按钮，将"01.avi"文件放置在"视频1"轨道中，如图 4-51 所示。

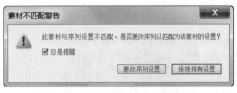

图 4-50   图 4-51

（4）将时间标签放置在 10:00s 的位置，将鼠标指针放在"01.avi"文件的结束位置，当鼠标指针呈◀▶状时，向左拖曳鼠标指针到 10:00s 的位置，如图 4-52 所示。将时间标签放置在 00:00s 的位置，执行"窗口 > 效果"命令，弹出"效果"面板，展开"视频特效"文件夹，单击"调整"文件夹前面的三角形按钮▶将其展开，选中"色阶"特效，如图 4-53 所示，将"色阶"特效拖曳到"时间线"面板"视频1"轨道中的"01.avi"文件上，如图 4-54 所示。

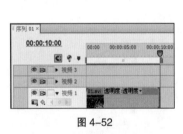

图 4-52   图 4-53   图 4-54

（5）选择"特效控制台"面板，展开"色阶"特效，将"（RGB）输入黑色阶"选项设置为 8，"（RGB）输入白色阶"选项设置为 179，其他选项的设置如图 4-55 所示。在"节目"窗口中预览效果，如图 4-56 所示。

（6）在"项目"面板中选中"02.mp3"文件，并将其拖曳到"时间线"面板中的"音频1"轨道中，如图 4-57 所示。再次选中"02.mp3"文件并将其拖曳到"时间线"面板中的"音频2"轨道中，如图 4-58 所示。

（7）在"音频2"轨道中的"02.mp3"文件上单击鼠标右键，在弹出的快捷菜单中执行"重命名"命令，如图 4-59 所示。在弹出的"重命名素材"对话框中输入"低音效果"，如图 4-60 所示，单击"确定"按钮。

图 4-55　　　　　　　　　　　　　图 4-56

图 4-57　　　　　　　　　　　　　图 4-58

图 4-59　　　　　　　　　　　　　图 4-60

（8）在"效果"面板中展开"音频特效"文件夹，选中"低通"特效，如图 4-61 所示。将"低通"特效拖曳到"时间线"面板"音频 2"轨道中的"低音效果"文件上，如图 4-62 所示。

（9）选择"特效控制台"面板，展开"低通"特效，将"屏蔽度"选项设置为 400.0Hz，如图 4-63 所示。至此，城市景色赏析制作完成。

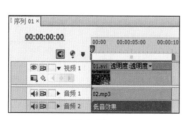

图 4-61　　　　　　　　图 4-62　　　　　　　　图 4-63

4.3.2　为音频素材添加特效

音频素材的特效添加方法与视频素材的特效添加方法相同，在"效果"面板中展开"音频特效"文件夹，在不同的音频模式文件夹中选择音频特效进行设置即可，如图 4-64 所示，这里不再赘述。

在"音频过渡"文件夹中，Premiere Pro CS6 还提供了简单的音频素材切换方式，如图4-65所示。为音频素材添加切换方式的方法与视频素材相同。

图 4-64

图 4-65

4.3.3　为音频轨道添加特效

除了可以对轨道上的音频素材进行设置外，还可以直接为音频轨道添加特效。首先在调音台中展开目标轨道的特效设置栏 ，单击设置栏右侧的小三角，弹出音频特效列表，如图4-66所示，选择需要使用的音频特效即可。可以在同一个音频轨道上添加多个特效并分别控制，如图4-67所示。

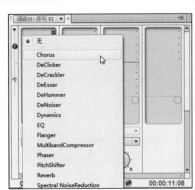

图 4-66

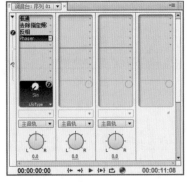

图 4-67

如果要调节轨道的音频特效，可以在特效名称上单击鼠标右键，在弹出的快捷菜单中进行设置即可，如图4-68所示。在快捷菜单中执行"编辑"命令，可以在弹出的特效设置窗口中进行更加详细的设置，图4-69所示为"Phaser"（移相器）特效的特效设置窗口。

图 4-68

图 4-69

4.4 课堂练习——制作自然美景赏析

【练习知识要点】使用"显示轨道关键帧"选项显示轨道的关键帧，并制作音频的淡出与淡入效果。自然美景赏析效果如图 4-70 所示。

【效果所在位置】Ch04/ 自然美景赏析 / 自然美景赏析 . prproj。

图 4-70

4.5 课后习题——制作海边美景宣传片

【习题知识要点】使用"快速色彩校正"特效调整视频的颜色，使用"平衡"特效调整音频的左右声道，使用"PitchShifter"特效调整音频的速度与音调。海边美景宣传片效果如图 4-71 所示。

【效果所在位置】Ch04/ 海边美景宣传片 / 海边美景宣传片 . prproj。

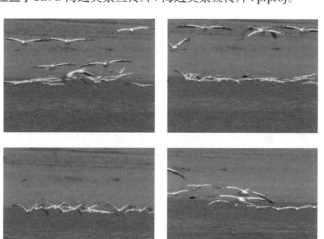

图 4-71

第 5 章

05 剪辑

▶ 本章介绍

　　本章主要对 Premiere Pro CS6 中剪辑影片的基本技巧和操作进行详细介绍，包括使用 Premiere Pro CS6 剪裁素材、分离素材和创建新元素等。通过本章的学习，读者可以掌握剪辑技术的使用方法和应用技巧。

学习目标

● 熟练掌握剪辑素材的技巧。

● 掌握分离素材的方法。

● 掌握创建新元素的方法。

技能目标

● 掌握"夜景创意混剪"案例的制作方法。

● 掌握"美丽城市宣传片"案例的制作方法。

● 掌握"街头车景宣传片"案例的制作方法。

● 掌握"新鲜蔬果写真"案例的制作方法。

● 掌握"沙滩混剪片段"案例的制作方法。

● 掌握"动物世界影视片头"案例的制作方法。

剪辑

5.1 剪辑素材

5.1.1 课堂案例——制作夜景创意混剪

【案例学习目标】学习导入视频文件，并使用入点和出点剪辑视频。

【案例知识要点】使用"导入"命令导入视频文件，使用入点和出点在"源"窗口中剪辑视频，使用"位置""缩放"选项编辑视频的位置与大小并制作动画效果，使用"交叉叠化（标准）"特效制作视频之间的转场效果。夜景创意混剪效果如图 5-1 所示。

【效果所在位置】Ch05/ 夜景创意混剪 / 夜景创意混剪 .prproj。

扫码观看
本案例视频

扫码观看
扩展案例

图 5-1

（1）启动 Premiere Pro CS6，弹出欢迎界面，单击"新建项目"按钮 ▣ ，弹出"新建项目"对话框。在"位置"选项右侧设置文件保存路径，在"名称"文本框中输入文件名"夜景创意混剪"，如图 5-2 所示。单击"确定"按钮，弹出"新建序列"对话框，在左侧的"有效预设"列表中展开"DV－PAL"选项，选择"标准 48kHz"模式，如图 5-3 所示，单击"确定"按钮，完成序列的创建。

图 5-2   图 5-3

（2）执行"文件 > 导入"命令，弹出"导入"对话框，选择本书素材中的"Ch05/ 夜景创意混剪 / 素材 /01.avi、02.avi、03.avi、04.avi"文件，如图 5-4 所示。单击"打开"按钮，将素材文件导入"项目"面板中，如图 5-5 所示。

图 5-4　　　　　　　　　　　　　　　　　　　图 5-5

（3）双击"项目"面板中的"01.avi"文件，在"源"窗口中将其打开。将时间标签放置在 01:15s 的位置，按 I 键，创建入点，如图 5-6 所示。将时间标签放置在 08:15s 的位置，按 O 键，创建出点，如图 5-7 所示。

图 5-6　　　　　　　　　　　　　　　　　　　图 5-7

（4）将鼠标指针放置在"源"窗口中的画面上，选中"源"窗口中的"01.avi"文件并将其拖曳到"时间线"面板中的"视频 1"轨道中，弹出"素材不匹配警告"对话框，如图 5-8 所示。单击"保持现有设置"按钮，将"01.avi"文件放置到"视频 1"轨道中，如图 5-9 所示。

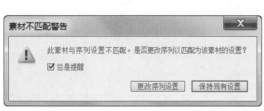

图 5-8　　　　　　　　　　　　　　　　　　　图 5-9

（5）将时间标签放置在 01:00s 的位置，选中"时间线"面板"视频 1"轨道中的"01.avi"文件。选择"特效控制台"面板，展开"运动"选项，分别单击"位置"和"缩放比例"选项左侧的"切换动画"按钮 ⏱，如图 5-10 所示，记录第 1 个动画关键帧。将时间标签放置在 05:00s 的位置，在"特效控制台"面板中将"位置"选项设置为 377.0 和 288.0，"缩放比例"选项设置为 53.0，如图 5-11 所示，记录第 2 个动画关键帧。

图 5-10

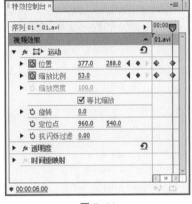

图 5-11

（6）在"项目"面板中选中"02.avi"文件，并将其拖曳到"时间线"面板中的"视频 1"轨道中，如图 5-12 所示。将时间标签放置在 07:15s 的位置，选中"时间线"面板"视频 1"轨道中的"02.avi"文件。选择"特效控制台"面板，展开"运动"选项，将"缩放比列"选项设置为 53.0，单击"缩放比例"选项左侧的"切换动画"按钮 ⏱，如图 5-13 所示，记录第 1 个动画关键帧。将时间标签放置在 09:20s 的位置，在"特效控制台"面板中将"缩放比例"选项设置为 80.0，如图 5-14 所示，记录第 2 个动画关键帧。

图 5-12

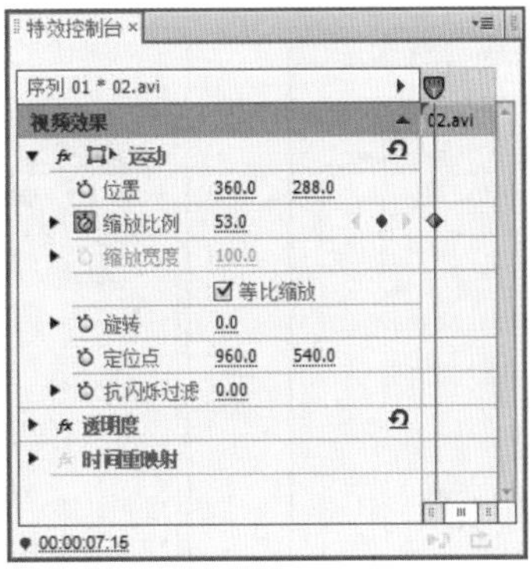

图 5-13

图 5-14

（7）双击"项目"面板中的"03.avi"文件，在"源"窗口中将其打开。按 I 键，创建入点，如图 5-15 所示。将时间标签放置在 03:06s 的位置，按 O 键，创建出点，如图 5-16 所示。

（8）将鼠标指针放置在"源"窗口中的画面上，选中"源"窗口中的"03.avi"文件，并将其拖曳到"时间线"面板中的"视频 1"轨道中，将"03.avi"文件放置到"视频 1"轨道中，如图 5-17 所示。在"项目"面板中选中"04.avi"文件，并将其拖曳到"时间线"面板中的"视频 1"轨道中，如图 5-18 所示。

图 5-15

图 5-16

图 5-17

图 5-18

（9）将时间标签放置在 16:00s 的位置，选中"时间线"面板"视频 1"轨道中的"04.avi"文件。选择"特效控制台"面板，展开"运动"选项，将"缩放比列"选项设置为 53.0，单击"位置"和"缩放比例"选项左侧的"切换动画"按钮 ，如图 5-19 所示，记录第 1 个动画关键帧。将时间标签放置在 20:16s 的位置，在"特效控制台"面板中将"位置"选项设置为 360.0 和 233.0，"缩放比列"选项设置为 100.0，如图 5-20 所示，记录第 2 个动画关键帧。

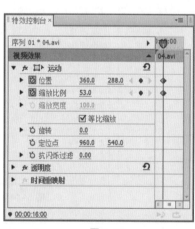

图 5-19

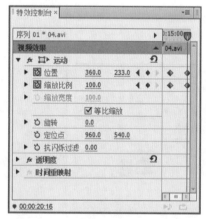

图 5-20

（10）执行"窗口 > 效果"命令，弹出"效果"面板，展开"视频切换"文件夹，单击"叠化"文件夹前面的三角形按钮 将其展开，选中"交叉叠化（标准）"特效，如图 5-21 所示。将"交叉叠化（标准）"特效拖曳到"时间线"面板中的"01.avi"文件的结尾位置与"02.avi"文件的开始位置，如图 5-22 所示。

（11）选择"效果"面板，选中"交叉叠化（标准）"特效并将其拖曳到"时间线"面板"视频 1"

轨道中"02.avi"文件的结尾位置与"03.avi"文件的开始位置。同样，选中"交叉叠化（标准）"特效并将其拖曳到"时间线"面板"视频1"轨道中"04.avi"文件的开始位置，如图5-23所示。至此，夜景创意混剪制作完成。

图 5-21

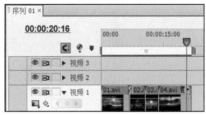

图 5-22

图 5-23

5.1.2　入点和出点

在 Premiere Pro CS6 中，可以在"源"窗口中设置素材的入点和出点。素材开始帧的位置被称为"入点"，素材结束帧的位置被称为"出点"。

1. 视音频同步设置

为素材设置的入点和出点对素材的音频和视频部分同时有效。在"源"窗口中创建入点和出点的方法如下。

（1）在"项目"面板中双击要设置入点和出点的素材，将其在"源"窗口中打开。

（2）在"源"窗口中拖动时间标签█或按空格键，找到要使用的片段的开始位置。

（3）单击"源"窗口下方的"标记入点"按钮█或按I键，创建入点，如图5-24所示，"源"窗口中会显示当前素材的入点画面。

图 5-24

（4）继续播放影片，找到要使用片段的结束位置。单击"源"窗口下方的"标记出点"按钮█或按O键，创建出点，如图5-25所示。入点和出点之间显示为深色，两点之间的片段即入点与出点间的素材片段。

图 5-25

（5）单击"转到前一标记"按钮█可以自动跳到影片的入点位置，单击"转到下一标记"按钮█可以自动跳到影片出点的位置。

2. 视音频单独设置

在 Premiere Pro CS6 中，可以为一个同时含有影像和声音的素材单独设置视频或音频部分的入点和出点。为素材的视频或音频部分单独设置入点和出点的方法如下。

（1）在"源"窗口中打开要设置入点和出点的素材。

（2）播放影片，找到要使用视频片段的开始或结束位置。

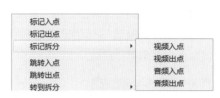

（3）右击时间标签，在弹出的快捷菜单中执行"标记拆分"命令，弹出的子菜单如图 5-26 所示。

图 5-26

（4）在弹出的子菜单中分别执行"视频入点""视频出点"命令，为视频部分设置入点和出点，如图 5-27 所示。继续播放影片，找到要使用音频片段的开始或结束位置。分别执行"音频入点""音频出点"命令，为音频部分设置入点和出点，如图 5-28 所示。

图 5-27

图 5-28

5.1.3　课堂案例——制作美丽城市宣传片

60

【案例学习目标】学习导入视频文件并设置剪辑点。

【案例知识要点】使用"导入"命令导入视频文件，使用入点、出点及剪辑点剪辑素材，使用"圆划像"特效制作视频之间的转场效果。美丽城市宣传片效果如图 5-29 所示。

【效果所在位置】Ch05/ 美丽城市宣传片 / 美丽城市宣传片 .prproj。

扫码观看
本案例视频

图 5-29

（1）启动 Premiere Pro CS6，弹出欢迎界面，单击"新建项目"按钮 🗐，弹出"新建项目"对话框。在"位置"选项右侧设置文件保存路径，在"名称"文本框中输入文件名"美丽城市宣传片"，如图 5-30 所示。单击"确定"按钮，弹出"新建序列"对话框，在左侧的"有效预设"列表中展开"DV－PAL"选项，选择"标准 48kHz"模式，如图 5-31 所示，单击"确定"按钮，完成序列的创建。

图 5-30

图 5-31

（2）执行"文件＞导入"命令，弹出"导入"对话框，选择本书素材中的"Ch05/ 美丽城市宣传片 / 素材 /01.avi、02.avi、03.avi、04.avi"文件，如图 5-32 所示。单击"打开"按钮，将素材文件导入"项目"面板中，如图 5-33 所示。

图 5-32

图 5-33

（3）双击"项目"面板中的"01.avi"文件，在"源"窗口中将其打开。将时间标签放置在01:00s 的位置，按 I 键，创建入点，如图 5-34 所示。将时间标签放置在 06:10s 的位置，按 O 键，创建出点，如图 5-35 所示。

（4）将鼠标指针放置在"源"窗口中的画面上，选中"源"窗口中的"01.avi"文件并将其拖曳到"时间线"面板中的"视频 1"轨道中，弹出"素材不匹配警告"对话框，如图 5-36 所示。单击"保持现有设置"按钮，将"01.avi"文件放置到"视频 1"轨道中，如图 5-37 所示。

（5）在"项目"面板中选中"02.avi"文件，并将其拖曳到"时间线"面板中的"视频 1"轨道中，如图 5-38 所示。将时间标签放置在 10:00s 的位置，将鼠标指针放在"02.avi"文件的结束位置，当鼠标指针呈◄状时，向左拖曳鼠标指针到 10:00s 的位置，如图 5-39 所示。

图 5-34

图 5-35

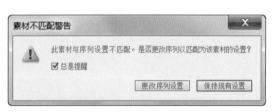

图 5-36

图 5-37

图 5-38

图 5-39

（6）在"项目"面板中选中"03.avi"文件，并将其拖曳到"时间线"面板中的"视频 1"轨道中。将时间标签放置在 15:00s 的位置，将鼠标指针放在"03.avi"文件的结束位置，当鼠标指针呈 状时单击以选取剪辑点，如图 5-40 所示。按 E 键，将所选剪辑点扩展到时间标签的位置，如图 5-41 所示。

图 5-40

图 5-41

（7）在"项目"面板中选中"04.avi"文件，并将其拖曳到"时间线"面板中的"视频 1"轨道中，如图 5-42 所示。将时间标签放置在 21:00s 的位置，将鼠标指针放在"04.avi"文件的结束位置，当鼠标指针呈 状时，向左拖曳鼠标指针到 21:00s 的位置，如图 5-43 所示。

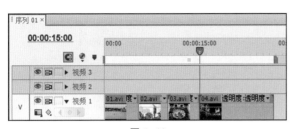

图 5-42

图 5-43

（8）执行"窗口 > 效果"命令，弹出"效果"面板，展开"视频切换"文件夹，单击"划像"文件夹前面的三角形按钮 ▶ 将其展开，选中"圆划像"特效，如图 5-44 所示。将"圆划像"特效拖曳到"时间线"面板"视频 1"轨道中"02.avi"文件的开始位置，如图 5-45 所示。

图 5-44

图 5-45

（9）用相同的方法在"时间线"面板"视频 1"轨道中"03.avi"文件和"04.avi"文件的开始位置添加"圆划像"特效，如图 5-46 所示。至此，美丽城市宣传片制作完成。

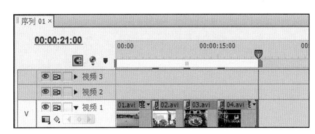

图 5-46

5.1.4　设置剪辑点

在 Premiere Pro CS6 中，可以在"时间线"面板中增加或删除帧来剪辑素材，以改变素材的长度。使用剪辑点剪辑素材的方法如下。

（1）将"项目"面板中要剪辑的素材拖曳到"时间线"面板中。

（2）将"时间线"面板中的时间标签 放置到要剪辑的位置，如图 5-47 所示。

（3）将鼠标指针放置在素材文件的开始位置，当鼠标指针呈 状时单击以添加剪辑点，如图 5-48 所示。

（4）向后拖曳剪辑点到时间标签 的位置，如图 5-49 所示，松开鼠标左键，效果如图 5-50 所示。

（5）将"时间线"面板中的时间标签 再次移到要剪辑的位置。将鼠标指针放置在素材文件的结束位置，当鼠标指针呈 状时单击以添加剪辑点，如图 5-51 所示。按 E 键，将所选剪辑点扩展到时间标签 的位置，如图 5-52 所示。

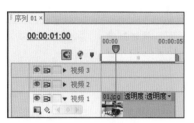

图 5-47

图 5-48

图 5-49

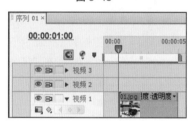

图 5-50

图 5-51

图 5-52

5.1.5　课堂案例——制作街头车景宣传片

【**案例学习目标**】学习调整视频播放速度。

【**案例知识要点**】使用"导入"命令导入视频文件，在"素材速度 / 持续时间"对话框中调整影片播放速度，使用"拆分"特效制作视频之间的转场效果。街头车景宣传片效果如图 5-53 所示。

【**效果所在位置**】Ch05/ 街头车景宣传片 / 街头车景宣传片 . prproj。

图 5-53

扫码观看
本案例视频

（1）启动 Premiere Pro CS6，弹出欢迎界面，单击"新建项目"按钮 ，弹出"新建项目"对话框。在"位置"选项右侧设置文件保存路径，在"名称"文本框中输入文件名"街头车景宣传片"，如图 5-54 所示。单击"确定"按钮，弹出"新建序列"对话框，在左侧的"有效预设"列表中展开"DV－PAL"选项，选择"标准 48kHz"模式，如图 5-55 所示，单击"确定"按钮，完成序列的创建。

图 5-54   图 5-55

（2）执行"文件 > 导入"命令，弹出"导入"对话框，选择本书素材中的"Ch05/ 街头车景宣传片 / 素材 /01.avi、02.avi、03.avi、04.avi"文件，单击"打开"按钮，导入视频文件，如图 5-56 所示。导入后的文件排列在"项目"面板中，如图 5-57 所示。

图 5-56   图 5-57

（3）在"项目"面板中选中"01.avi"文件，并将其拖曳到"时间线"面板中的"视频 1"轨道中，弹出"素材不匹配警告"对话框，如图 5-58 所示。单击"保持现有设置"按钮，将"01.avi"文件放置在"视频 1"轨道中，如图 5-59 所示。

图 5-58   图 5-59

（4）选中"视频1"轨道中的"01.avi"文件，按Ctrl+R组合键，弹出"素材速度/持续时间"对话框，将"速度"选项设置为80%，如图5-60所示。单击"确定"按钮，"01.avi"文件在"时间线"面板中的显示如图5-61所示。

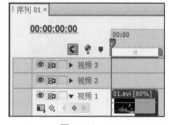

图 5-60　　　　　　　　　　　　　图 5-61

（5）在"项目"面板中选中"02.avi"文件，并将其拖曳到"时间线"面板中的"视频1"轨道中，如图5-62所示。选中"视频1"轨道中的"02.avi"文件，按Ctrl+R组合键，弹出"素材速度/持续时间"对话框，将"速度"选项设置为150%，如图5-63所示。单击"确定"按钮，"02.avi"文件在"时间线"面板中的显示如图5-64所示。

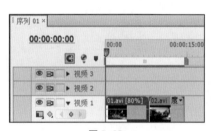

图 5-62　　　　　　　　　　图 5-63　　　　　　　　　　图 5-64

（6）在"项目"面板中选中"03.avi"文件，并将其拖曳到"时间线"面板中的"视频1"轨道中，如图5-65所示。将时间标签放置在17:00s的位置，选中"视频1"轨道中的"03.avi"文件，将鼠标指针放在"03.avi"文件的结束位置，当鼠标指针呈◀┃状时，向前拖曳鼠标指针到17:00s的位置，如图5-66所示。

图 5-65　　　　　　　　　　　　　　图 5-66

（7）在"项目"面板中选中"04.avi"文件，并将其拖曳到"时间线"面板中的"视频1"轨道中，如图5-67所示。选中"视频1"轨道中的"04.avi"文件，按Ctrl+R组合键，弹出"素材速度/持续时间"对话框，将"速度"选项设置为70%，如图5-68所示。单击"确定"按钮，"04.avi"文件在"时间线"面板中的显示如图5-69所示。

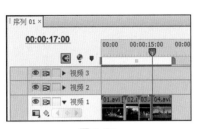
图 5-67

图 5-68

图 5-69

（8）执行"窗口 > 效果"命令，弹出"效果"面板，展开"视频切换"文件夹，单击"滑动"文件夹前面的三角形按钮 ▶ 将其展开，选中"拆分"特效，如图 5-70 所示。将"拆分"特效拖曳到"时间线"面板中"01.avi"文件的结尾位置与"02.avi"文件的开始位置，如图 5-71 所示。

图 5-70

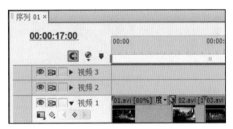
图 5-71

（9）选择"效果"面板，选中"推"特效并将其拖曳到"时间线"面板"视频1"轨道中"02.avi"文件的结束位置与"03.avi"文件的开始位置，如图 5-72 所示。选中"滑动"特效并将其拖曳到"时间线"面板"视频1"轨道中"04.avi"文件的开始位置，如图 5-73 所示。至此，街头车景宣传片制作完成。

图 5-72

图 5-73

5.1.6 速度和持续时间

在 Premiere Pro CS6 中，可以根据需求随意更改片段的播放速度，具体操作步骤如下。

（1）在"时间线"面板中的某一个文件上单击鼠标右键，在弹出的快捷菜单中执行"速度 / 持续时间"命令，弹出图 5-74 所示的对话框，各选项的含义如下。

● 速度：在此设置播放速度的百分比，以此决定影片的播放速度。

● 持续时间：单击选项右侧的时间码，当时间码变为图 5-75 所示的状态时，在此输入时间值；时间值越长影片播放的速度越慢，时间值越短影片播放的速度越快。

● 倒放速度：勾选此复选框，影片片段将反方向播放。

● 保持音调不变：勾选此复选框，将保持影片片段的音频播放速度不变。

● 波纹编辑，移动后面的素材：勾选此复选框，将使剪辑后方的影片素材保持跟随。

图 5-74

持续时间: 00:00:05:06

图 5-75

（2）设置完成后，单击"确定"按钮即可更改影片的播放速度和持续时间。

5.2　分离素材

5.2.1　课堂案例——制作新鲜蔬果写真

【课堂学习目标】学习将图像插入"时间线"面板中以及对视频进行切割。

【课堂技术要点】使用"导入"命令导入视频文件，使用"插入"按钮插入视频文件，使用"剃刀"工具切割影片，使用"划像"特效制作视频之间的转场效果。新鲜蔬果写真效果如图5-76所示。

【效果所在位置】Ch05/ 新鲜蔬果写真 / 新鲜蔬果写真 . prproj。

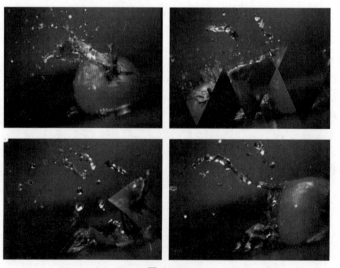

扫码观看
本案例视频

扫码观看
扩展案例

图 5-76

（1）启动 Premiere Pro CS6，弹出欢迎界面，单击"新建项目"按钮 ，弹出"新建项目"对话框。在"位置"选项右侧设置文件保存路径，在"名称"文本框中输入文件名"新鲜蔬果写真"，如图 5-77 所示。单击"确定"按钮，弹出"新建序列"对话框，在左侧的"有效预设"列表中展开"DV－PAL"选项，选择"标准 48kHz"模式，如图 5-78 所示，单击"确定"按钮，完成序列的创建。

图 5-77　　　　　　　　　　　　　　　　　图 5-78

（2）执行"文件 > 导入"命令，弹出"导入"对话框，选择本书素材中的"Ch05/ 新鲜蔬果写真 / 素材 /01.avi、02.avi"文件，如图 5-79 所示。单击"打开"按钮，将素材文件导入"项目"面板中，如图 5-80 所示。

图 5-79　　　　　　　　　　　　　　　　　图 5-80

（3）在"项目"面板中选中"01.avi"文件，并将其拖曳到"时间线"面板中的"视频 1"轨道中，弹出"素材不匹配警告"对话框，如图 5-81 所示。单击"保持现有设置"按钮，将"01.avi"文件放置在"视频 1"轨道中，如图 5-82 所示。

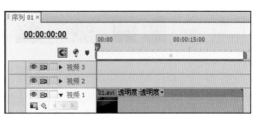

图 5-81　　　　　　　　　　　　　　　　　图 5-82

（4）将时间标签放置在06:00s的位置，如图5-83所示。在"项目"面板中双击"02.avi"文件，将其在"源"窗口中打开，如图5-84所示。

图 5-83

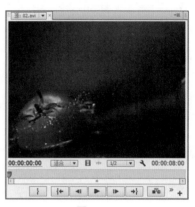

图 5-84

（5）单击"源"窗口下方的"插入"按钮 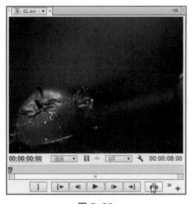，如图5-85所示，将"02.avi"文件插入"时间线"面板中，如图5-86所示。

图 5-85

图 5-86

（6）将时间标签放置在25:00s的位置，选择"剃刀"工具 ，在"01.avi"素材上单击切割影片，如图5-87所示。选择"选择"工具 ，选择时间标签右侧切割的素材影片，按Delete键将其删除，如图5-88所示。

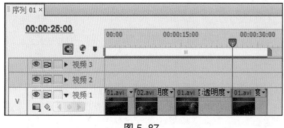

图 5-87

图 5-88

（7）执行"窗口 > 效果"命令，弹出"效果"面板，展开"视频切换"文件夹，单击"划像"文件夹前面的三角形按钮 ▶ 将其展开，选中"划像形状"特效，如图5-89所示。将"划像形状"特效拖曳到"时间线"面板"视频1"轨道中的"02.avi"文件的开始位置，如图5-90所示。

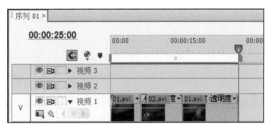

图 5-89 图 5-90

（8）选择"效果"面板，选中"点划像"特效，如图 5-91 所示。将"点划像"特效拖曳到"时间线"面板"视频 1"轨道中的"02.avi"文件的结束位置，如图 5-92 所示。至此，新鲜蔬果写真制作完成。

图 5-91 图 5-92

5.2.2 切割素材

在 Premiere Pro CS6 中，当素材被添加到"时间线"面板的轨道中后，可以使用工具箱中的"剃刀"工具对此素材进行切割，具体操作步骤如下。

（1）在"时间线"面板中添加要切割的素材。

（2）选择工具箱中的"剃刀"工具 ，将鼠标指针移到需要切割的位置并单击，该素材即被切割为两段，每一段都有独立的长度以及入点与出点，如图 5-93 所示。

（3）如果要将多个轨道上的素材在同一点切割，则可以按住 Shift 键，显示出多重刀片，轨道上未锁定的素材都会在该位置被切割为两段，如图 5-94 所示。

图 5-93 图 5-94

5.2.3 插入和覆盖素材

使用"插入"按钮 和"覆盖"按钮 ，可以将"源"窗口中的片段直接插入"时间线"面板中的时间标签 位置的当前轨道中。

1. 插入

使用"插入"按钮 插入素材的具体操作步骤如下。

（1）在"源"窗口中选中要插入"时间线"面板中的素材，并为其设置入点和出点。

（2）在"时间线"面板中将时间标签 移动到需要插入素材的位置，如图5-95所示。

（3）单击"源"窗口下方的"插入"按钮 ，将选择的素材插入"时间线"面板中，插入的新素材会直接插入其中并把原有素材分为两段，原有素材的后半部分将会向后推移，接在新素材之后，如图5-96所示。

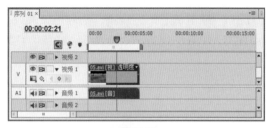

图 5-95

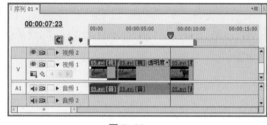

图 5-96

2. 覆盖

使用"覆盖"按钮 插入素材的具体操作步骤如下。

（1）在"源"窗口中选中要插入"时间线"面板中的素材，并为其设置入点和出点。

（2）在"时间线"面板中将时间标签 移动到需要插入素材的位置，如图5-97所示。

（3）单击"源"窗口下方的"覆盖"按钮 ，将选择的素材插入"时间线"面板中，插入的新素材在时间标签 处将覆盖原有素材，如图5-98所示。

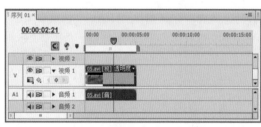

图 5-97

图 5-98

5.2.4 提升和提取素材

使用"提升"按钮 和"提取"按钮 ，可以在"时间线"面板中的指定轨道上删除指定的一段素材。

1. 提升

使用"提升"按钮 删除素材的具体操作步骤如下。

（1）在"节目"窗口中为素材需要提取的部分设置入点和出点，设置的入点和出点会同时显示在"时间线"面板中，如图5-99所示。

（2）单击"节目"窗口下方的"提升"按钮 ，入点和出点之间的素材被删除，删除后的区域留下空白，如图5-100所示。

图 5-99

图 5-100

2. 提取

使用"提取"按钮 ![] 删除素材的具体操作步骤如下。

（1）在"节目"窗口中为素材需要提取的部分设置入点和出点，设置的入点和出点会同时显示在"时间线"面板中。

（2）单击"节目"窗口下方的"提取"按钮 ![]，入点和出点之间的素材被删除，其后面的素材自动前移，填补空缺，如图 5-101 所示。

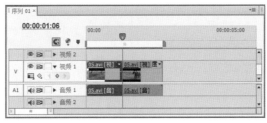

图 5-101

5.2.5 课堂案例——制作沙滩混剪片段

【案例学习目标】学习导入视频文件并粘贴素材。

【案例知识要点】使用"导入"命令导入视频文件，使用"粘贴插入"命令插入素材，使用"交叉叠化（标准）"特效制作视频之间的转场效果。沙滩混剪片段效果如图 5-102 所示。

【效果所在位置】Ch05/ 沙滩混剪片段 / 沙滩混剪片段 .prproj。

扫码观看
本案例视频

图 5-102

（1）启动 Premiere Pro CS6，弹出欢迎界面，单击"新建项目"按钮 █ ，弹出"新建项目"对话框。在"位置"选项右侧设置文件保存路径，在"名称"文本框中输入文件名"沙滩混剪片段"，如图 5-103 所示。单击"确定"按钮，弹出"新建序列"对话框，在左侧的"有效预设"列表中展开"DV－PAL"选项，选择"标准 48kHz"模式，如图 5-104 所示，单击"确定"按钮，完成序列的创建。

图 5-103　　　　　　　　　　　　　　　　图 5-104

（2）执行"文件 > 导入"命令，弹出"导入"对话框，选择本书素材中的"Ch05/ 沙滩混剪片段 / 素材 /01.avi、02.avi、03.mp3"文件，如图 5-105 所示。单击"打开"按钮，将素材文件导入"项目"面板中，如图 5-106 所示。

图 5-105　　　　　　　　　　　　　　图 5-106

（3）在"项目"面板中选中"01.avi"文件，并将其拖曳到"时间线"面板中的"视频 1"轨道中，弹出"素材不匹配警告"对话框，如图 5-107 所示。单击"保持现有设置"按钮，将"01.avi"文件放置在"视频 1"轨道中，如图 5-108 所示。

（4）选中"视频 1"轨道中的"01.avi"文件。选择"特效控制台"面板，展开"运动"选项，将"缩放比例"选项设置为 56.0，如图 5-109 所示。将时间标签放置在 05：00s 的位置，选择"剃刀"工具 █ ，在"01.avi"文件上单击切割素材，如图 5-110 所示。选择"选择"工具 █ ，选中切割后时间标签右侧的素材片段，执行"编辑 > 剪切"命令剪切文件，如图 5-111 所示。

图 5-107

图 5-108

图 5-109

图 5-110

图 5-111

（5）在"项目"面板中选中"02.avi"文件，并将其拖曳到"时间线"面板中的"视频1"轨道中，如图 5-112 所示。选中"视频1"轨道中的"02.avi"文件，选择"特效控制台"面板，展开"运动"选项，将"缩放比例"选项设置为 60.0，如图 5-113 所示。

图 5-112

图 5-113

（6）将时间标签放置在 10:00s 的位置，执行"编辑 > 粘贴插入"命令粘贴文件，如图 5-114 所示。执行"窗口 > 效果"命令，弹出"效果"面板，展开"视频切换"文件夹，单击"叠化"文件夹前面的三角形按钮 ▶ 将其展开，选中"交叉叠化（标准）"特效，如图 5-115 所示。

（7）将"交叉叠化（标准）"特效拖曳到"时间线"面板"视频1"轨道中的"02.avi"文件的开始位置，如图 5-116 所示。再次将"交叉叠化（标准）"特效拖曳到"视频1"轨道中"01.avi"文件的开始位置和结束位置，如图 5-117 所示。

（8）在"项目"面板中选中"03.mp3"文件，并将其拖曳到"时间线"面板中的"音频1"轨道中，如图 5-118 所示。将时间标签放置在 20:15s 的位置，选择"剃刀"工具 ，在"03.mp3"素材上单击切割音频。选择"选择"工具 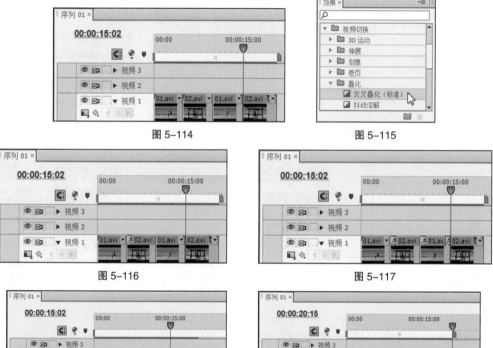，选择切割后时间标签右侧的素材片段，按 Delete 键将其删除，如图 5-119 所示。至此，沙滩混剪片段制作完成。

图 5-114

图 5-115

图 5-116

图 5-117

图 5-118

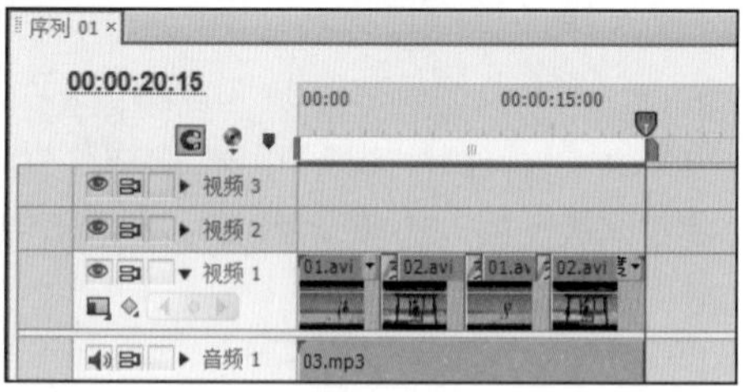

图 5-119

5.2.6　粘贴素材

Premiere Pro CS6 提供了标准的 Windows 操作系统编辑命令，可用于剪切、复制和粘贴素材，这些命令都在"编辑"子菜单中。使用"粘贴插入"命令粘贴素材的具体操作步骤如下。

（1）选择素材，执行"编辑 > 复制"命令。

（2）在"时间线"面板中将时间标签 ▮ 移动到需要粘贴素材的位置，如图 5-120 所示。

（3）执行"编辑 > 粘贴插入"命令，复制的素材被粘贴到时间标签 ▮ 的位置，其后的素材自动后移，如图 5-121 所示。

图 5-120

Premiere Pro CS6 核心应用案例教程（全彩慕课版）

图 5-121

5.2.7　链接和分离素材

链接素材的具体操作步骤如下。

（1）在"时间线"面板中框选要进行链接的视频和音频片段。

（2）单击鼠标右键，在弹出的快捷菜单中执行"链接视频和音频"命令，片段就被链接在一起了。

分离素材的具体操作步骤如下。

（1）在"时间线"面板中选择链接的视频素材。

（2）单击鼠标右键，在弹出的快捷菜单中执行"解除视音频链接"命令，即可分离链接的音频和视频部分。

分离链接在一起的素材后，分别移动音频和视频部分使其错位，然后再链接在一起，系统会在片段上标记警告并标记错位的时间，负值表示向前偏移，正值表示向后偏移，如图 5-122 所示。

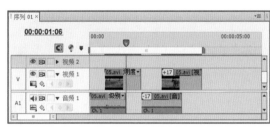

图 5-122

5.3　创建新元素

5.3.1　课堂案例——制作动物世界影视片头

【案例学习目标】学习制作通用倒计时片头。

【案例知识要点】使用"导入"命令导入视频文件，使用"通用倒计时片头"选项制作通用倒计时，在"素材速度 / 持续时间"对话框中改变视频文件的播放速度。动物世界影视片头效果如图 5-123 所示。

【效果所在位置】Ch05/ 动物世界影视片头 / 动物世界影视片头 . prproj。

扫码观看
本案例视频

扫码观看
扩展案例

图 5-123

（1）启动 Premiere Pro CS6，弹出欢迎界面，单击"新建项目"按钮 ，弹出"新建项目"对话框。在"位置"选项右侧设置文件保存路径，在"名称"文本框中输入文件名"动物世界影视片头"，如图 5-124 所示。单击"确定"按钮，弹出"新建序列"对话框，在左侧的"有效预设"列表中展开"DV – PAL"选项，选择"标准 48kHz"模式，如图 5-125 所示，单击"确定"按钮，完成序列的创建。

图 5-124

图 5-125

（2）执行"文件 > 导入"命令，弹出"导入"对话框，选择本书素材中的"Ch05/ 动物世界影视片头 / 素材 / 01.avi"文件，如图 5-126 所示。单击"打开"按钮，将素材文件导入"项目"面板中，如图 5-127 所示。

（3）在"项目"面板中单击"新建分项"按钮 ，在弹出的下拉列表中选择"通用倒计时片头"选项，弹出"新建通用倒计时片头"对话框，设置如图 5-128 所示，单击"确定"按钮。弹出"通用倒计时设置"对话框，将"擦除色"选项设置为浅绿色（84、255、0），"背景色"选项设置为黄色（242、255、38），"划线色"选项设置为深蓝色（6、0、255），"目标色"选项设置为品红色（255、0、210），"数字色"选项设置为红色（255、0、0），如图 5-129 所示，设置完成后单击"确定"按钮。

图 5-126　　　　　　　　　　　　　　　　图 5-127

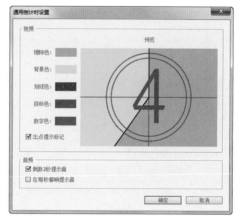

图 5-128　　　　　　　　　　　　　　图 5-129

（4）在"项目"面板中选中"通用倒计时片头"文件，并将其拖曳到"时间线"面板中的"视频1"轨道中，弹出提示对话框。单击"保持现有设置"按钮，将文件放置在"视频1"轨道中，如图5-130所示。将时间标签放置在11:00s的位置，在"项目"面板中选中"01.avi"文件，并将其拖曳到"时间线"面板中的"视频2"轨道中，如图5-131所示。

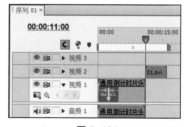

图 5-130　　　　　　　　　　　　　图 5-131

（5）将时间标签放置在16:00s的位置，在"项目"面板中选中"01.avi"文件，并将其拖曳到"时间线"面板中的"视频3"轨道中，如图5-132所示。选中"01.avi"文件，按Ctrl+R组合键，弹出"素材速度/持续时间"对话框，将"速度"选项设置为198%，如图5-133所示。单击"确定"按钮，"时间线"面板中的显示如图5-134所示。

图 5-132

图 5-133

图 5-134

（6）执行"序列 > 添加轨道"命令，弹出"添加视音轨"对话框，设置如图 5-135 所示。单击"确定"按钮，在"时间线"面板中添加轨道，如图 5-136 所示。

图 5-135

图 5-136

（7）将时间标签放置在 18:13s 的位置，在"项目"面板中选中"01.avi"文件，并将其拖曳到"时间线"面板中的"视频 4"轨道中，如图 5-137 所示。选中"视频 4"轨道中的"01.avi"文件，按 Ctrl+R 组合键，弹出"素材速度 / 持续时间"对话框，将"速度"选项设置为 260%，如图 5-138 所示，单击"确定"按钮，"时间线"面板中的显示如图 5-139 所示。至此，动物世界影视片头制作完成。

图 5-137

图 5-138

图 5-139

5.3.2　通用倒计时片头

通用倒计时片头通常用于影片开始前的倒计时准备。Premiere Pro CS6 为用户提供了现成的通用倒计时模板，用户可以非常便捷地创建一个标准的倒计时素材，并可以随时对其进行修改，如图 5-140 所示。创建倒计时素材的具体操作步骤如下。

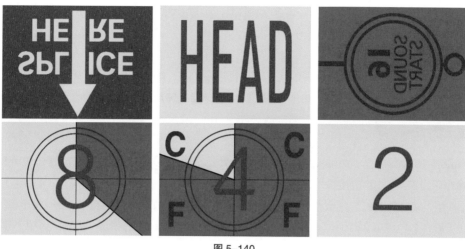

图 5-140

（1）单击"项目"面板下方的"新建分项"按钮，在弹出的下拉列表中选择"通用倒计时片头"选项，弹出"新建通用倒计时片头"对话框，如图 5-141 所示。设置完成后，单击"确定"按钮，弹出"通用倒计时设置"对话框，如图 5-142 所示。

图 5-141

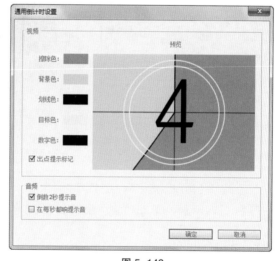

图 5-142

（2）设置完成后，单击"确定"按钮，Premiere Pro CS6 自动将该段倒计时影片加入"项目"面板。

（3）在"项目"面板或"时间线"面板中双击倒计时素材，随时可以打开"通用倒计时设置"对话框进行修改。

5.3.3 彩条和黑场

1. 彩条

Premiere Pro CS6 可以为影片在开始前加入一段彩条片段，如图 5-143 所示。

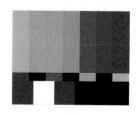

图 5-143

在"项目"面板下方单击"新建分项"按钮，在弹出的下拉列表中选择"彩条"选项，即可创建彩条片段。

2. 黑场

Premiere Pro CS6 可以在影片中创建一段黑场片段。在"项目"面板下方单击"新建分项"按钮，在弹出的下拉列表中选择"黑场"选项，即可创建黑场片段。

5.3.4 彩色蒙板

Premiere Pro CS6 还可以为影片创建一个彩色蒙板。用户可以将彩色蒙板当作背景，也可利用"透明度"命令来设定与它相关的色彩的透明度，具体操作步骤如下。

（1）在"项目"面板下方单击"新建分项"按钮，在弹出下拉列表中选择"彩色蒙板"选项，弹出"新建彩色蒙板"对话框，如图 5-144 所示。进行参数设置后单击"确定"按钮，弹出"颜色拾取"对话框，如图 5-145 所示。

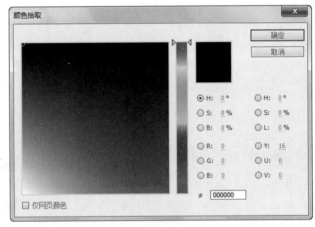

图 5-144　　　　　　　　　　　图 5-145

（2）在"颜色拾取"对话框中选取蒙板所要使用的颜色，单击"确定"按钮。

（3）在"项目"面板或"时间线"面板中双击彩色蒙板，可以打开"颜色拾取"对话框进行修改。

5.3.5 透明视频

在 Premiere Pro CS6 中，用户可以创建一个透明的视频层。它能够将特效应用到一系列的影片剪辑中，而无须重复地复制和粘贴特效。只要应用一个特效到透明视频层上，特效将自动出现在下面的所有视频层中。

5.4 课堂练习——制作海底世界宣传片

【练习知识要点】 使用"导入"命令导入视频文件，使用"剃刀"工具切割视频素材，使用"解除视音频链接"命令解除视频与音频的链接并删除音频，使用"交叉叠化（标准）"特效制作视频之间的转场效果。海底世界宣传片效果如图 5-146 所示。

【效果所在位置】 Ch05/ 海底世界宣传片 / 海底世界宣传片 . prproj。

扫码观看
本案例视频

图 5-146

5.5 课后习题——镜头的快慢处理

【习题知识要点】使用"导入"命令导入视频文件，使用"缩放比例"选项改变视频的尺寸，使用"剃刀"工具切割视频，在"素材速度 / 持续时间"对话框中改变视频的播放速度。镜头的快慢处理效果如图 5-147 所示。

【效果所在位置】Ch05/ 镜头的快慢处理 / 镜头的快慢处理 . prproj。

扫码观看
本案例视频

图 5-147

06

第6章

转场

▶ **本章介绍**

本章主要介绍如何使用 Premiere Pro CS6 在素材之间建立丰富多彩的转场特效。每一个图像切换的控制方式都具有很多可调节的选项。本章内容对于影视剪辑中的镜头切换有着非常实用的意义，转场特效可以使剪辑的画面更加富于变化，更加生动、多彩。

学习目标

● 掌握转场特效的设置。
● 熟练掌握高级转场特效的应用和设置。

技能目标

● 掌握"美食创意混剪"案例的制作方法。
● 掌握"自然美景赏析"案例的制作方法。
● 掌握"夕阳美景赏析"案例的制作方法。
● 掌握"时尚女孩电子相册"案例的制作方法。

转场

6.1 应用转场

6.1.1 课堂案例——制作美食创意混剪

【案例学习目标】学习制作图片转场效果。

【案例知识要点】使用"导入"命令导入素材文件，使用"向上折叠"特效、"交叉伸展"特效、"划像交叉"特效、"中心剥落"特效和"卷走"特效制作图片之间的转场效果。美食创意混剪效果如图6-1所示。

【效果所在位置】Ch06/美食创意混剪/美食创意混剪.prproj。

扫码观看
本案例视频

扫码观看
扩展案例

图6-1

（1）启动 Premiere Pro CS6，弹出欢迎界面，单击"新建项目"按钮，弹出"新建项目"对话框。在"位置"选项右侧设置文件保存路径，在"名称"文本框中输入文件名"美食创意混剪"，如图6-2所示。单击"确定"按钮，弹出"新建序列"对话框，在左侧的"有效预设"列表中展开"DV－PAL"选项，选择"标准48kHz"模式，如图6-3所示，单击"确定"按钮，完成序列的创建。

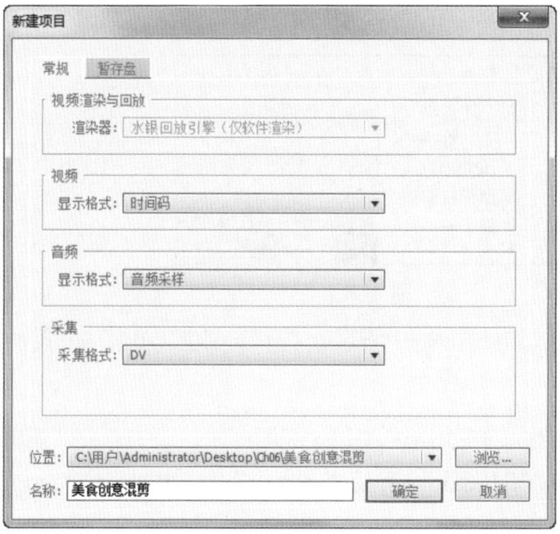

图6-2

图6-3

（2）执行"文件 > 导入"命令，弹出"导入"对话框，选择本书素材中的"Ch06/ 美食创意混剪 / 素材 /01.jpg、02.jpg、03.jpg、04.jpg"文件，如图 6-4 所示。单击"打开"按钮，将素材文件导入"项目"面板中，如图 6-5 所示。

图 6-4   图 6-5

（3）按住 Ctrl 键，在"项目"面板中选中导入的图片文件并将其拖曳到"时间线"面板中的"视频 1"轨道中，如图 6-6 所示。

图 6-6

（4）执行"窗口 > 效果"命令，弹出"效果"面板，展开"视频切换"文件夹，单击"3D 运动"文件夹前面的三角形按钮 ▶ 将其展开，选中"向上折叠"特效，如图 6-7 所示。将"向上折叠"特效拖曳到"时间线"面板"视频 1"轨道中的"01.jpg"文件的开始位置，如图 6-8 所示。

图 6-7   图 6-8

（5）选中"时间线"面板中的"向上折叠"特效，如图 6-9 所示，在"特效控制台"面板中将"持续时间"选项设置为 01:20s，如图 6-10 所示。

（6）选择"效果"面板，单击"伸展"文件夹前面的三角形按钮 ▶ 将其展开，选中"交叉伸展"特效，如图 6-11 所示。将"交叉伸展"特效拖曳到"时间线"面板"视频 1"轨道中的"01.jpg"文件的结束位置与"02.jpg"文件的开始位置，如图 6-12 所示。

图 6-9

图 6-10

图 6-11

图 6-12

（7）选择"效果"面板，单击"划像"文件夹前面的三角形按钮 ▶ 将其展开，选中"划像交叉"特效，如图 6-13 所示。将"划像交叉"特效拖曳到"时间线"面板"视频 1"轨道中的"02.jpg"文件的结束位置与"03.jpg"文件的开始位置，如图 6-14 所示。

图 6-13

图 6-14

（8）选择"效果"面板，单击"卷页"文件夹前面的三角形按钮 ▶ 将其展开，选中"中心剥落"特效，如图 6-15 所示。将"中心剥落"特效拖曳到"时间线"面板"视频 1"轨道中的"03.jpg"文件的结束位置与"04.jpg"文件的开始位置，如图 6-16 所示。

图 6-15

图 6-16

（9）选择"效果"面板，选中"卷走"特效，如图6-17所示。将"卷走"特效拖曳到"时间线"面板"视频1"轨道中的"04.jpg"文件的结束位置，如图6-18所示。至此，美食创意混剪制作完成。

图6-17

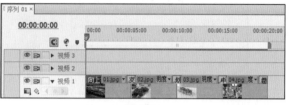

图6-18

6.1.2 3D 运动

"3D 运动"文件夹中共包含10种三维运动场景切换特效，如图6-19所示。使用不同的转场特效后，效果如图6-20所示。

图6-19

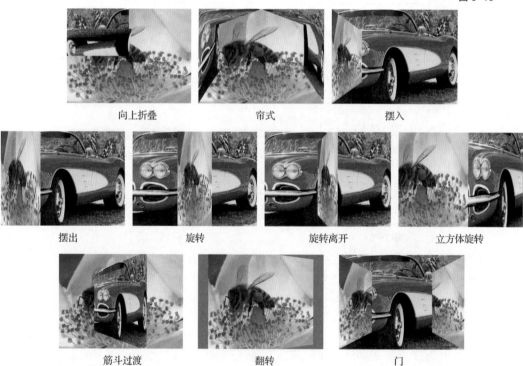

向上折叠	帘式	摆入
摆出	旋转	旋转离开	立方体旋转
筋斗过渡	翻转	门

图6-20

6.1.3 伸展

"伸展"文件夹中共包含4种切换视频特效，如图6-21所示。使用不同的转场特效后，效果如图6-22所示。

图 6-21

交叉伸展   伸展   伸展覆盖   伸展进入

图 6-22

6.1.4　划像

　　"划像"文件夹中共包含 7 种切换视频特效，如图 6-23 所示。使用不同的转场特效后，效果如图 6-24 所示。

图 6-23

划像交叉   划像形状   圆划像

星形划像   点划像   盒形划像   菱形划像

图 6-24

6.1.5　卷页

　　"卷页"文件夹中共包含 5 种切换视频特效，如图 6-25 所示。使用不同的转场特效后，效果如图 6-26 所示。

图 6-25

中心剥落　　　　　　　　　　　剥开背面

卷走　　　　　　　　　　翻页　　　　　　　　　　页面剥落

图 6-26

6.1.6　课堂案例——制作自然美景赏析

【案例学习目标】学习制作视频转场效果。

【案例知识要点】使用"导入"命令导入视频文件，使用"附加叠化"特效、"百叶窗"特效、"擦除"特效、"中心合并"特效和"滑动"特效制作视频之间的切换效果。自然美景赏析效果如图 6-27 所示。

【效果所在位置】Ch06/ 自然美景赏析 / 自然美景赏析 .prproj。

扫码观看
本案例视频

图 6-27

（1）启动 Premiere Pro CS6，弹出欢迎界面，单击"新建项目"按钮 ，弹出"新建项目"

 Premiere Pro CS6核心应用案例教程（全彩慕课版）

90

对话框。在"位置"选项右侧设置文件保存路径，在"名称"文本框中输入文件名"自然美景赏析"，如图 6-28 所示。单击"确定"按钮，弹出"新建序列"对话框，在左侧的"有效预设"列表中展开"DV－PAL"选项，选择"标准 48kHz"模式，如图 6-29 所示，单击"确定"按钮，完成序列的创建。

图 6-28   图 6-29

（2）执行"文件 > 导入"命令，弹出"导入"对话框，选择本书素材中的"Ch06/ 自然美景赏析 / 素材 /01.avi、02.avi、03.avi、04.avi"文件，如图 6-30 所示。单击"打开"按钮，将素材文件导入"项目"面板中，如图 6-31 所示。

图 6-30   图 6-31

（3）按住 Ctrl 键，在"项目"面板中选中导入的视频文件，并将其拖曳到"时间线"面板中的"视频 1"轨道中，弹出"素材不匹配警告"对话框，如图 6-32 所示。单击"保持现有设置"按钮，将导入的视频文件放置到"视频 1"轨道中，如图 6-33 所示。

 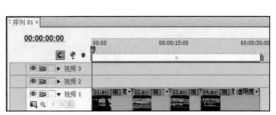

图 6-32   图 6-33

（4）执行"窗口 > 效果"命令，弹出"效果"面板，展开"视频切换"文件夹，单击"叠化"文件夹前面的三角形按钮▶将其展开，选中"附加叠化"特效，如图 6-34 所示。将"附加叠化"特效拖曳到"时间线"面板"视频 1"轨道中的"01.avi"文件的开始位置，如图 6-35 所示。

图 6-34   图 6-35

（5）选择"效果"面板，单击"擦除"文件夹前面的三角形按钮▶将其展开，选中"百叶窗"特效，如图 6-36 所示。将"百叶窗"特效拖曳到"时间线"面板"视频 1"轨道中的"01.avi"文件的结束位置与"02.avi"文件的开始位置，如图 6-37 所示。

图 6-36   图 6-37

（6）选中"时间线"面板中的"百叶窗"特效，如图 6-38 所示。在"特效控制台"面板中将"持续时间"选项设置为 02:00s，如图 6-39 所示。

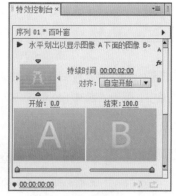

图 6-38   图 6-39

（7）选择"效果"面板，选中"擦除"特效，如图 6-40 所示。将"擦除"特效拖曳到"时间线"面板"视频 1"轨道中的"02.avi"文件的结束位置与"03.avi"文件的开始位置，如图 6-41 所示。

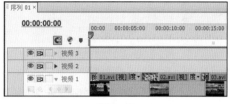

图 6-40   图 6-41

（8）选择"效果"面板，单击"滑动"文件夹前面的三角形按钮▶将其展开，选择"中心合并"特效，如图 6-42 所示。将"中心合并"特效拖曳到"时间线"面板"视频 1"轨道中的"03.avi"文件的结束位置与"04.avi"文件的开始位置，如图 6-43 所示。

图 6-42   图 6-43

（9）选择"效果"面板，选中"滑动"特效，如图 6-44 所示。将"滑动"特效拖曳到"时间线"面板"视频 1"轨道中的"04.avi"文件的结束位置，如图 6-45 所示。至此，美食创意混剪制作完成。

图 6-44   图 6-45

6.1.7 叠化

"叠化"文件夹中共包含 8 种视频转场特效，如图 6-46 所示。使用不同的转场特效后，效果如图 6-47 所示。

图 6-46

交叉叠化（标准）　　抖动溶解　　白场过渡　　胶片溶解

附加叠化　　随机反相　　非附加叠化　　黑场过渡

图 6-47

6.1.8 擦除

"擦除"文件夹中共包含 17 种视频转场特效，如图 6-48 所示。使用不同的转场特效后，效果如图 6-49 所示。

图 6-48

双侧平推门　　带状擦除　　径向划变　　插入

擦除　　时钟式划变　　棋盘　　棋盘划变

图 6-49

楔形划变	水波块	油漆飞溅
渐变擦除	百叶窗	螺旋框
随机块	随机擦除	风车

图 6-49（续）

6.1.9　映射

　　"映射"文件夹中有两种使用影像通道进行切换的视频转场特效，如图 6-50 所示。使用不同的转场特效后，效果如图 6-51 所示。

明亮度映射　　　　　　　　通道映射

图 6-50　　　　　　　　　　图 6-51

6.1.10　滑动

　　"滑动"文件夹中共包含 12 种视频转场特效，如图 6-52 所示。使用不同的转场特效后，效果如图 6-53 所示。

▼ 🗀 滑动
　☑ 中心合并
　☑ 中心拆分
　☑ 互换
　☑ 多旋转
　☑ 带状滑动
　☑ 拆分
　☑ 推
　☑ 斜线滑动
　☑ 滑动
　☑ 滑动带
　☑ 滑动框
　☑ 旋涡

图 6-52

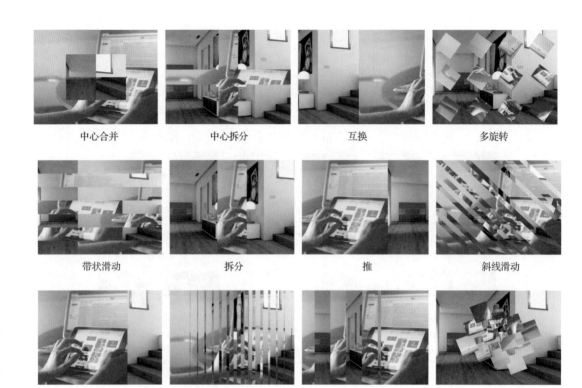

| 中心合并 | 中心拆分 | 互换 | 多旋转 |

| 带状滑动 | 拆分 | 推 | 斜线滑动 |

| 滑动 | 滑动带 | 滑动框 | 漩涡 |

图 6–53

6.1.11　课堂案例——制作夕阳美景赏析

【案例学习目标】学习制作图片转场效果。

【案例知识要点】使用"导入"命令导入图片文件，使用"置换"特效、"交叉缩放"特效、"缩放"特效和"缩放框"特效制作图片之间的切换效果。夕阳美景赏析效果如图 6–54 所示。

【效果所在位置】Ch06/ 夕阳美景赏析 / 夕阳美景赏析 . prproj。

扫码观看
本案例视频

图 6–54

（1）启动 Premiere Pro CS6，弹出欢迎界面，单击"新建项目"按钮 ，弹出"新建项目"对话框。在"位置"选项右侧设置文件保存路径，在"名称"文本框中输入文件名"夕阳美景赏析"，如图 6-55 所示。单击"确定"按钮，弹出"新建序列"对话框，在左侧的"有效预设"列表中展开"DV – PAL"选项，选择"标准 48kHz"模式，如图 6-56 所示，单击"确定"按钮完成序列的创建。

图 6-55   图 6-56

（2）执行"文件 > 导入"命令，弹出"导入"对话框，选择本书素材中的"Ch06/ 夕阳美景赏析 / 素材 /01.jpg、02.jpg、03.jpg、04.jpg、05.jpg"文件，如图 6-57 所示。单击"打开"按钮，将素材文件导入"项目"面板中，如图 6-58 所示。

图 6-57   图 6-58

（3）按住 Ctrl 键，在"项目"面板中选中导入的图片文件，并将其拖曳到"时间线"面板中的"视频 1"轨道中，如图 6-59 所示。

图 6-59

（4）执行"窗口 > 效果"命令，弹出"效果"面板，展开"视频切换"文件夹，单击"特殊效果"文件夹前面的三角形按钮 ▶ 将其展开，选中"置换"特效，如图 6-60 所示。将"置换"特效拖曳到"时间线"面板"视频 1"轨道中的"01.jpg"文件的结束位置与"02.jpg"文件的开始位置，如图 6-61 所示。

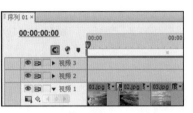

图 6-60　　　　　　　　　　　　　图 6-61

（5）选中"时间线"面板中的"置换"特效，如图 6-62 所示。在"特效控制台"面板中将"持续时间"选项设置为 02:00s，如图 6-63 所示。

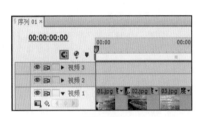

图 6-62　　　　　　　　　　　　　图 6-63

（6）选择"效果"面板，单击"缩放"文件夹前面的三角形按钮 ▶ 将其展开，选中"交叉缩放"特效，如图 6-64 所示。将"交叉缩放"特效拖曳到"时间线"面板"视频 1"轨道中的"02.jpg"文件的结束位置与"03.jpg"文件的开始位置，如图 6-65 所示。

图 6-64　　　　　　　　　　　　　图 6-65

（7）选择"效果"面板，选中"缩放"特效，如图 6-66 所示。将"缩放"特效拖曳到"时间线"面板"视频 1"轨道中的"03.jpg"文件的结束位置与"04.jpg"文件的开始位置，如图 6-67 所示。

（8）选择"效果"面板，选中"缩放框"特效，如图 6-68 所示。将"缩放框"特效拖曳到"时间线"面板"视频 1"轨道中的"04.jpg"文件的结束位置与"05.jpg"文件的开始位置，如图 6-69 所示。

图 6-66

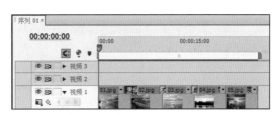

图 6-67

图 6-68

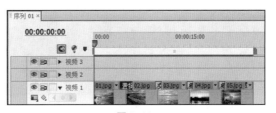

图 6-69

（9）选择"效果"面板，选中"缩放"特效，如图 6-70 所示。将"缩放"特效拖曳到"时间线"面板"视频 1"轨道中的"05.jpg"文件的结束位置，如图 6-71 所示。至此，夕阳美景赏析制作完成。

图 6-70

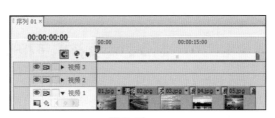

图 6-71

6.1.12 特殊效果

"特殊效果"文件夹中共包含 3 种视频转场特效，如图 6-72 所示。使用不同的转场特效后，效果如图 6-73 所示。

图 6-72

映射红蓝通道

纹理

置换

图 6-73

6.1.13 缩放

　　"缩放"文件夹中共包含 4 种以缩放方式过渡的视频转场特效，如图 6-74 所示。使用不同的转场特效后，效果如图 6-75 所示。

图 6-74

交叉缩放　　　　　　缩放　　　　　　缩放拖尾　　　　　　缩放框

图 6-75

6.2　设置转场

6.2.1　课堂案例——制作时尚女孩电子相册

　　【案例学习目标】学习制作图像转场效果。

　　【案例知识要点】使用"导入"命令导入图像文件，使用"摆入"特效、"旋转"特效、"交叉叠化（标准）"特效、"中心剥落"特效和"摆出"特效制作图片之间的转场效果，使用"特效控制台"面板调整切换特效。时尚女孩电子相册效果如图 6-76 所示。

　　【效果所在位置】Ch06/ 时尚女孩电子相册 / 时尚女孩电子相册 . prproj。

扫码观看
本案例视频

图 6-76

（1）启动 Premiere Pro CS6，弹出欢迎界面，单击"新建项目"按钮 📓，弹出"新建项目"对话框。在"位置"选项右侧设置文件保存路径，在"名称"文本框中输入文件名"时尚女孩电子相册"，如图 6-77 所示。单击"确定"按钮，弹出"新建序列"对话框，在左侧的"有效预设"列表中展开"DV - PAL"选项，选择"标准 48kHz"模式，如图 6-78 所示，单击"确定"按钮完成序列的创建。

图 6-77　　　　　　　　　　　　　　　　　　图 6-78

（2）执行"文件 > 导入"命令，弹出"导入"对话框，选择本书素材中的"Ch06/ 时尚女孩电子相册 / 素材 /01.jpg、02.jpg、03.jpg、04.jpg"文件，如图 6-79 所示。单击"打开"按钮，将图片文件导入"项目"面板中，如图 6-80 所示。

图 6-79　　　　　　　　　　　　　　　　图 6-80

（3）按住 Ctrl 键，在"项目"面板中同时选中导入的图片文件，并将其拖曳到"时间线"面板中的"视频 1"轨道中，如图 6-81 所示。

图 6-81

（4）执行"窗口 > 效果"命令，弹出"效果"面板，展开"视频切换"文件夹，单击"3D 运动"文件夹前面的三角形按钮 ▶ 将其展开，选中"摆入"特效，如图 6-82 所示。将"摆入"特效拖曳到"时间线"面板"视频 1"轨道中的"01.jpg"文件的开始位置，如图 6-83 所示。

图 6-82   图 6-83

（5）选择"效果"面板，选中"旋转"特效，如图 6-84 所示。将"旋转"特效拖曳到"时间线"面板"视频 1"轨道中的"01.jpg"文件的结束位置与"02.jpg"文件的开始位置，如图 6-85 所示。

图 6-84   图 6-85

（6）选中"时间线"面板中的"旋转"特效，如图 6-86 所示。在"特效控制台"面板中将"持续时间"选项设置为 02:00s，"对齐"选项设置为居中于切点，如图 6-87 所示。

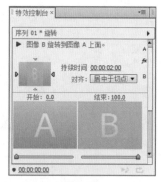

图 6-86   图 6-87

（7）选择"效果"面板，单击"叠化"文件夹前面的三角形按钮 ▶ 将其展开，选中"交叉叠化（标准）"特效，如图 6-88 所示。将"交叉叠化（标准）"特效拖曳到"时间线"面板"视频 1"轨道中的"02.jpg"文件的结束位置与"03.jpg"文件的开始位置，如图 6-89 所示。

（8）选中"时间线"面板中的"交叉叠化（标准）"特效，如图 6-90 所示。在"特效控制台"面板中将"持续时间"选项设置为 02:00s，"对齐"选项设置为居中于切点，如图 6-91 所示。

（9）选择"效果"面板，单击"卷页"文件夹前面的三角形按钮 ▶ 将其展开，选中"中心剥落"特效，如图 6-92 所示。将"中心剥落"特效拖曳到"时间线"面板"视频 1"轨道中的"03.jpg"

文件的结束位置与"04.jpg"文件的开始位置，如图 6-93 所示。

图 6-88

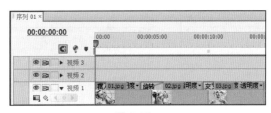

图 6-89

图 6-90

图 6-91

图 6-92

图 6-93

（10）选中"时间线"面板中的"中心剥落"特效，如图 6-94 所示。在"特效控制台"面板中将"持续时间"选项设置为 02:00s，"对齐"选项设置为居中于切点，如图 6-95 所示。

图 6-94

图 6-95

（11）选择"效果"面板，选中"摆出"特效，如图 6-96 所示。将"摆出"特效拖曳到"时间线"面板"视频 1"轨道中的"04.jpg"文件的结束位置，如图 6-97 所示。至此，时尚女孩电子相册制作完成。

图 6-96

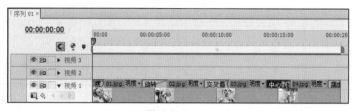

图 6-97

6.2.2 使用切换特效

一般情况下，切换特效在同一轨道的两个相邻素材之间使用。当然，也可以单独为一个素材添加切换特效。这时候，素材与其下方的轨道进行切换，但是下方的轨道只是作为背景使用，并不被切换控制，如图 6-98 所示。为影片添加切换特效后，可以随时改变切换特效的长度，最简单的方法是在"时间线"面板中选中切换特效，拖曳切换特效的边缘即可；还可双击切换特效打开"特效控制台"面板，如图 6-99 所示，在其中做进一步调整。

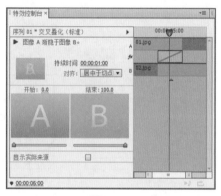

图 6-98

图 6-99

6.2.3 调整切换特效

在"特效控制台"面板右侧的时间线区域里，可以设置切换特效的长度和位置，如图 6-100 所示，两段影片添加切换特效后，时间线上会有一个重叠区域。这个重叠区域就是发生切换特效的范围。与"时间线"面板中只显示入点和出点之间的影片不同，"特效控制台"面板的时间线区域会显示影片的完整长度，这样显示的优点是可以随时修改影片添加切换特效的位置。

将鼠标指针移动到影片上，按住鼠标左键拖曳即可移动影片的位置，从而改变切换特效的影响区域。

将鼠标指针移动到切换特效中线上并拖曳，可以改变切换特效的位置，如图 6-101 所示。还可以将鼠标指针移动到切换特效上并拖曳以改变位置，如图 6-102 所示。

在"特效控制台"面板左边的"对齐"下拉列表框中提供了"居中于切点""开始于切点""结束于切点"和"自定开始"4 种对齐方式。

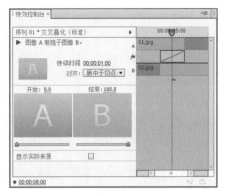

图 6-100

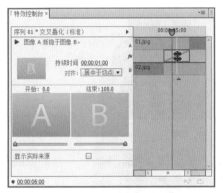

图 6-101

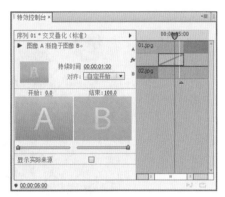

图 6-102

6.2.4 设置切换特效

在"特效控制台"面板左边的切换特效设置区域里，可以对切换进行进一步的设置。默认情况下，切换特效都是从 A 到 B 完成的。要改变切换特效的开始和结束的状态，可以拖曳"开始"和"结束"滑块。按住 Shift 键并拖曳滑块可以使"开始"和"结束"滑块以相同的数值变化。

勾选"显示实际来源"复选框，可以在"开始"和"结束"预览区域显示切换的开始帧和结束帧，如图 6-103 所示。

在"特效控制台"面板中单击 ▶ 按钮，可以在小视窗中预览切换特效，如图 6-104 所示。对于某些有方向的切换特效来说，可以在上方小视窗中单击箭头以改变切换的方向。

图 6-103

图 6-104

某些切换特效具有位置属性，如出入屏的时候画面从屏幕的哪个位置开始，这时候可以在切换特效的开始和结束显示框中调整位置。

　　在"特效控制台"面板的"持续时间"选项后可以输入切换特效的持续时间，这与拖曳切换特效边缘改变切换特效长度的作用是相同的。

6.3　课堂练习——制作旅拍电子相册

　　【练习知识要点】使用"导入"命令导入图片文件，使用"旋转"特效、"交叉叠化（标准）"特效和"中心剥落"特效制作图片之间的转场效果。旅拍电子相册效果如图 6-105 所示。

　　【效果所在位置】Ch06/ 旅拍电子相册 / 旅拍电子相册 .prproj。

扫码观看
本案例视频

图 6-105

6.4　课后习题——制作运动时刻精彩赏析

　　【习题知识要点】使用"导入"命令导入视频文件，使用"星形划像"特效、"点划像"特效和"菱形划像"特效制作视频之间的转场效果。运动时刻精彩赏析效果如图 6-106 所示。

　　【效果所在位置】Ch06/ 运动时刻精彩赏析 / 运动时刻精彩赏析 .prproj。

扫码观看
本案例视频

图 6-106

07

第 7 章

特效

▶ 本章介绍

　　本章主要介绍 Premiere Pro CS6 中的特效，这些特效可以应用在视频、图片和文字上。通过本章的学习，读者可以快速了解并掌握特效制作的精髓部分，能创作出丰富多彩的视觉效果。

学习目标

● 了解特效的应用方法。
● 掌握特效的设置方法。

技能目标

● 掌握 "飘落的树叶" 案例的制作方法。
● 掌握 "花开美景写真" 案例的制作方法。
● 掌握 "峡谷风光创意写真" 案例的制作方法。
● 掌握 "学习幻想创意赏析" 案例的制作方法。

特效

7.1 应用特效

7.1.1 课堂案例——制作飘落的树叶

【案例学习目标】学习使用关键帧制作动画。

【案例知识要点】使用"导入"命令导入素材文件，使用"特效控制台"面板中的"位置"和"缩放比例"选项编辑图像的位置与大小，使用"旋转"选项制作树叶旋转动画，使用"边角固定"特效编辑图像边角并制作动画。飘落的树叶效果如图 7-1 所示。

【效果所在位置】Ch07/ 飘落的树叶 / 飘落的树叶 . prproj。

扫码观看
本案例视频

扫码观看
扩展案例

图 7-1

（1）启动 Premiere Pro CS6，弹出欢迎界面，单击"新建项目"按钮 ，弹出"新建项目"对话框。在"位置"选项右侧设置文件保存路径，在"名称"文本框中输入文件名"飘落的树叶"，如图 7-2 所示。单击"确定"按钮，弹出"新建序列"对话框，在左侧的"有效预设"列表中展开"DV - PAL"选项，选择"标准 48kHz"模式，如图 7-3 所示，单击"确定"按钮，完成序列的创建。

图 7-2   图 7-3

（2）执行"文件 > 导入"命令，弹出"导入"对话框，选择本书素材中的"Ch07/ 飘落的树叶 / 素材 /01.jpg、02.png"文件，如图 7-4 所示。单击"打开"按钮，将素材文件导入"项目"面板中，如图 7-5 所示。

图 7-4　　　　　　　　　　　　　　　　　　图 7-5

（3）在"项目"面板中选中"01.jpg"文件，并将其拖曳到"时间线"面板中的"视频 1"轨道中，如图 7-6 所示。将时间标签放置在 06:00s 的位置，将鼠标指针放在"01.jpg"文件的结束位置，当鼠标指针呈◀状时，向右拖曳鼠标指针到 06:00s 的位置，如图 7-7 所示。

图 7-6　　　　　　　　　　　　　　图 7-7

（4）将时间标签放置在 01:00s 的位置，在"项目"面板中选中"02.png"文件，并将其拖曳到"时间线"面板中的"视频 2"轨道中，如图 7-8 所示。将时间标签放置在 04:00s 的位置，将鼠标指针放在"02.png"文件的结束位置，当鼠标指针呈◀状时，向左拖曳鼠标指针到 04:00s 的位置，如图 7-9 所示。

图 7-8　　　　　　　　　　　　　　图 7-9

（5）将时间标签放置在 01:00s 的位置，选中"02.png"文件。选择"特效控制台"面板，展开"运动"选项，将"位置"选项设置为 168.0 和 123.0，"缩放比例"选项设置为 40.0，分别单击"位置"和"缩放比例"选项左侧的"切换动画"按钮，如图 7-10 所示，记录第 1 个动画关键帧。

（6）将时间标签放置在 02:00s 的位置，在"特效控制台"面板中将"位置"选项设置为 80.0 和 323.0，如图 7-11 所示，记录第 2 个动画关键帧。

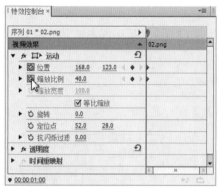

| 图 7-10 | 图 7-11 |

（7）将时间标签放置在03:00s的位置，在"特效控制台"面板中将"位置"选项设置为250.0和350.0，如图7-12所示，记录第3个动画关键帧。将时间标签放置在04:00s的位置，在"特效控制台"面板中将"位置"选项设置为200.0和600.0，如图7-13所示，记录第4个动画关键帧。

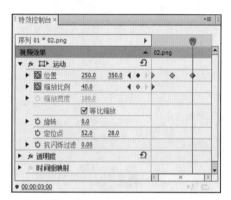
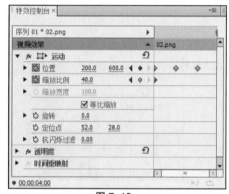

| 图 7-12 | 图 7-13 |

（8）执行"窗口 > 效果"命令，弹出"效果"面板，展开"视频特效"文件夹，单击"色彩校正"文件夹前面的三角形按钮▶将其展开，选中"色彩平衡"特效，如图7-14所示。将"色彩平衡"特效拖曳到"时间线"面板"视频2"轨道中的"02.png"文件上。在"特效控制台"面板中展开"色彩平衡"特效，将"中间调红色平衡"选项设置为56.3，"中间调绿色平衡"选项设置为- 27.2，如图7-15所示。

| 图 7-14 | 图 7-15 |

（9）在"时间线"面板中选中"视频2"轨道中的"02.png"文件，按Ctrl+C组合键，将其复制。将时间标签放置在02:00s的位置，在"时间线"面板中同时锁定"视频1"轨道和"视频2"轨道，如图7-16所示。按Ctrl+V组合键，将复制得到的"02.png"文件粘贴到"视频3"轨道中，如图7-17所示。

图7-16

图7-17

（10）选中"视频3"轨道中的"02.png"文件，在"特效控制台"面板中展开"运动"选项，单击"缩放比例"选项左侧的"切换动画"按钮，取消关键帧，如图7-18所示。将"缩放比例"选项设置为30.0，如图7-19所示。

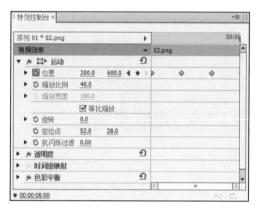

图7-18

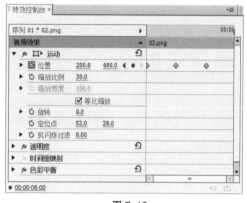

图7-19

（11）将时间标签放置在02:00s的位置，在"特效控制台"面板中单击"旋转"选项左侧的"切换动画"按钮，如图7-20所示，记录第1个动画关键帧。将时间标签放置在04:00s的位置，在"特效控制台"面板中将"旋转"选项设置为183.0°，如图7-21所示，记录第2个动画关键帧。

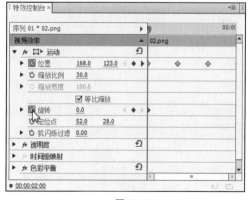

图7-20

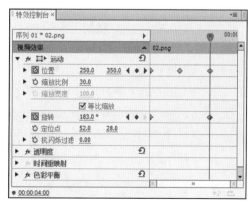

图7-21

（12）执行"序列>添加轨道"命令，弹出"添加视音轨"对话框，选项的设置如图7-22所示。

单击"确定"按钮，在"时间线"面板中添加两条视频轨道，如图 7-23 所示。

图 7-22　　　　　　　　　　　　　　　　图 7-23

（13）选中"视频 3"轨道中的"02.png"文件，按 Ctrl+C 组合键，将其复制一个。在"时间线"面板中锁定"视频 3"轨道，如图 7-24 所示。将时间标签放置在 06：00s 的位置，按 Ctrl+V 组合键，将复制得到的"02.png"文件粘贴到"视频 4"轨道中，如图 7-25 所示。

图 7-24　　　　　　　　　　　　　　　　图 7-25

（14）在"时间线"面板中锁定"视频 4"轨道，如图 7-26 所示。将时间标签放置在 07：00s 的位置，按 Ctrl+V 组合键，将复制得到的"02.png"文件粘贴到"视频 5"轨道中，如图 7-27 所示。

图 7-26　　　　　　　　　　　　　　　　图 7-27

（15）将时间标签放置在 06：00s 的位置，如图 7-28 所示。将鼠标指针放在"视频 5"轨道"02.png"文件的结束位置，当鼠标指针呈◀状时，向左拖曳鼠标指针到 06：00s 的位置，如图 7-29 所示。

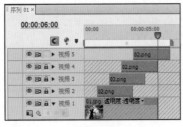

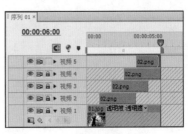

图 7-28　　　　　　　　　　　　　　　　图 7-29

（16）在"效果"面板中单击"扭曲"文件夹前面的三角形按钮▷将其展开，选中"边角固定"特效，如图7-30所示。将"边角固定"特效拖曳到"时间线"面板"视频5"轨道中的"02.png"文件上，如图7-31所示。

图7-30　　　　　　　　　　　　　　图7-31

（17）将时间标签放置在04：00s的位置，选择"特效控制台"面板，展开"边角固定"特效，将"左上"选项设置为0.0和0.0，"右上"选项设置为104.0和0.0，"左下"选项设置为0.0和56.0，"右下"选项设置为104.0和56.0，如图7-32所示。分别单击这4个选项左侧的"切换动画"按钮 ，如图7-33所示，记录第1个动画关键帧。

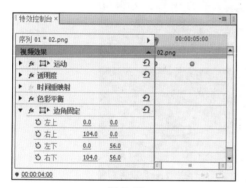

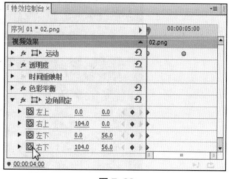

图7-32　　　　　　　　　　　　　　图7-33

（18）将时间标签放置在05：00s的位置，在"特效控制台"面板中将"左上"选项设置为-40.0和12.0，"右上"选项设置为121.0和8.0，"左下"选项设置为-50.0和53.0，"右下"选项设置为54.0和79.0，如图7-34所示，记录第2个动画关键帧。至此，飘落的树叶动画制作完成。

图7-34

7.1.2　添加特效

为素材添加一个特效很简单，只需从"效果"面板中拖曳一个特效到"时间线"面板中的素材片段上即可。如果素材片段处于选中状态，则用户也可以拖曳特效到该片段的"特效控制台"面板中。

7.2　设置特效

7.2.1　课堂案例——制作花开美景写真

【案例学习目标】学习使用特效更改颜色。

【案例知识要点】使用"更改颜色"特效改变图像的颜色。花开美景写真效果如图 7-35 所示。

【效果所在位置】Ch07/ 花开美景写真 / 花开美景写真 . prproj。

扫码观看
本案例视频

图 7-35

（1）启动 Premiere Pro CS6，弹出欢迎界面，单击"新建项目"按钮 🔳，弹出"新建项目"对话框。在"位置"选项右侧设置文件保存路径，在"名称"文本框中输入文件名"花开美景写真"，如图 7-36 所示。单击"确定"按钮，弹出"新建序列"对话框，在左侧的"有效预设"列表中展开"DV－PAL"选项，选择"标准 48kHz"模式，如图 7-37 所示，单击"确定"按钮，完成序列的创建。

（2）执行"文件 > 导入"命令，弹出"导入"对话框，选择本书素材中的"Ch07/ 花开美景写真 / 素材 /01.avi"文件，如图 7-38 所示。单击"打开"按钮，将素材文件导入"项目"面板中，如图 7-39 所示。

（3）在"项目"面板中选中"01.avi"文件，并将其拖曳到"时间线"面板中的"视频 1"轨道中，弹出"素材不匹配警告"对话框，如图 7-40 所示。单击"保持现有设置"按钮，将"01.avi"文件放置在"视频 1"轨道中，如图 7-41 所示。

图 7-36

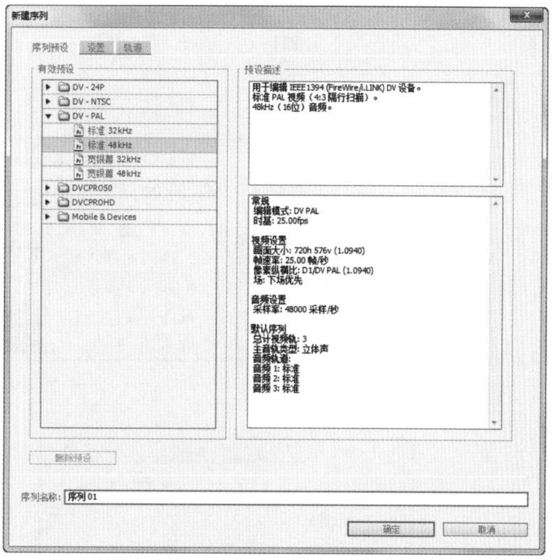

图 7-37

图 7-38

图 7-39

图 7-40

图 7-41

（4）执行"窗口 > 效果"命令，弹出"效果"面板，展开"视频特效"文件夹，单击"色彩校正"文件夹前面的三角形按钮▶将其展开，选中"更改颜色"特效，如图 7-42 所示。将"更改颜色"特效拖曳到"时间线"面板"视频 1"轨道中的"01.avi"文件上，如图 7-43 所示。

（5）将时间标签放置在 02:01s 的位置。选择"特效控制台"面板，展开"更改颜色"特效，单击"要更改的颜色"选项右侧的🖋️按钮，在花朵上单击以吸取要更改的颜色，其他选项的设置如图 7-44 所示。

（6）单击"色相变换"选项左侧的"切换动画"按钮🔘，如图 7-45 所示，记录第 1 个动画关键帧。将时间标签放置在 03:11s 的位置，在"特效控制台"面板中将"色相变换"选项设置为 - 90.0，如图 7-46 所示，记录第 2 个动画关键帧。至此，花开美景写真制作完成。

图 7-42　　　　　　　　　　图 7-43　　　　　　　　　　图 7-44

图 7-45　　　　　　　　　　　图 7-46

7.2.2　模糊与锐化特效

"模糊与锐化"特效主要针对镜头画面锐化或模糊进行处理，该文件夹中共包含 10 种特效，如图 7-47 所示。使用不同的特效后，效果如图 7-48 所示。

图 7-47

原图

快速模糊

摄像机模糊

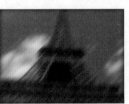
方向模糊

图 7-48

残像	消除锯齿	混合模糊	通道模糊

锐化	非锐化遮罩	高斯模糊

图 7-48（续）

7.2.3　通道特效

　　"通道"特效用于对素材的通道进行处理，可以实现图像颜色、色调、饱和度和亮度等颜色属性的改变，该文件夹中共包含 7 种特效，如图 7-49 所示。使用不同的特效后，效果如图 7-50 所示。

图 7-49

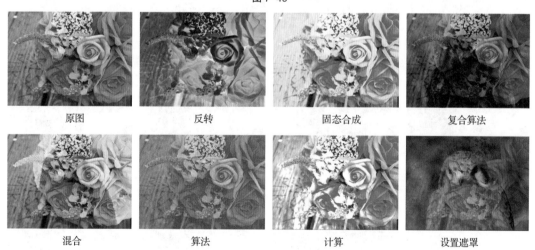

原图	反转	固态合成	复合算法

混合	算法	计算	设置遮罩

图 7-50

7.2.4　色彩校正特效

　　"色彩校正"特效主要用于对素材进行颜色校正，该文件夹中包含了 17 种特效，如图 7-51 所示。使用不同的特效后，效果如图 7-52 所示。

```
▼ 📁 色彩校正
    🎞 RGB 曲线
    🎞 RGB 色彩校正
    🎞 三路色彩校正
    🎞 亮度与对比度
    🎞 亮度曲线
    🎞 亮度校正
    🎞 分色
    🎞 广播级颜色
    🎞 快速色彩校正
    🎞 更改颜色
    🎞 染色
    🎞 色彩均化
    🎞 色彩平衡
    🎞 色彩平衡（HLS）
    🎞 视频限幅器
    🎞 转换颜色
    🎞 通道混合
```

图 7-51

原图

RGB 曲线

RGB 色彩校正

三路色彩校正

亮度与对比度

亮度曲线

亮度校正

分色

广播级颜色

快速色彩校正

更改颜色

染色

色彩均化

色彩平衡

色彩平衡（HLS）

图 7-52

视频限幅器

转换颜色

通道混合

图 7-52（续）

7.2.5　课堂案例——制作峡谷风光创意写真

【案例学习目标】学习使用"镜像"命令制作镜像效果。

【案例知识要点】使用"镜像"命令制作镜像图像，使用"透明度"选项改变图像的不透明度，使用"羽化边缘"特效柔和图像边缘。峡谷风光创意写真效果如图 7-53 所示。

【效果所在位置】Ch07\ 峡谷风光创意写真 \ 峡谷风光创意写真 . prproj。

扫码观看
本案例视频

扫码观看
扩展案例

图 7-53

（1）启动 Premiere Pro CS6，弹出欢迎界面，单击"新建项目"按钮 🔲 ，弹出"新建项目"对话框。在"位置"选项右侧设置文件保存路径，在"名称"文本框中输入文件名"峡谷风光创意写真"，如图 7-54 所示。单击"确定"按钮，弹出"新建序列"对话框，在左侧的"有效预设"列表中展开"DV－PAL"选项，选择"标准 48kHz"模式，如图 7-55 所示，单击"确定"按钮，完成序列的创建。

（2）执行"文件 > 导入"命令，弹出"导入"对话框，选择本书素材中的"Ch07/ 峡谷风光创意写真 / 素材 /01.avi、02.jpg"文件，如图 7-56 所示。单击"打开"按钮，将素材文件导入"项目"面板中，如图 7-57 所示。

（3）在"项目"面板中选中"01.avi"文件，并将其拖曳到"时间线"面板中的"视频 1"轨道中，弹出"素材不匹配警告"对话框，如图 7-58 所示。单击"保持现有设置"按钮，将"01.avi"文件放置在"视频 1"轨道中，如图 7-59 所示。

（4）执行"窗口 > 效果"命令，弹出"效果"面板，展开"视频特效"文件夹，单击"扭曲"文件夹前面的三角形按钮 ▶ 将其展开，选中"镜像"特效，如图 7-60 所示。将"镜像"特效拖曳到"时间线"面板中"视频 1"轨道中的"01.avi"文件上，如图 7-61 所示。

图 7-54   图 7-55

图 7-56   图 7-57

图 7-58   图 7-59

图 7-60   图 7-61

（5）选择"特效控制台"面板，展开"镜像"特效，将"反射中心"选项设置为698.0和362.0，"反射角度"选项设置为90.0°，如图7-62所示。在"节目"窗口中预览效果，如图7-63所示。

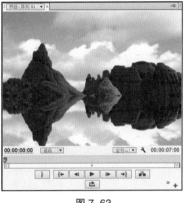

图 7-62   图 7-63

（6）在"项目"面板中选中"02.jpg"文件，并将其拖曳到"时间线"面板中的"视频2"轨道中，如图7-64所示。将鼠标指针放在"02.jpg"文件的结束位置，当鼠标指针呈◄►状时，向右拖曳鼠标指针到"01.avi"文件的结束位置，如图7-65所示。

图 7-64   图 7-65

（7）在"时间线"面板中选中"02.jpg"文件，选择"特效控制台"面板，展开"运动"选项，将"位置"选项设置为357.0和729.0，"缩放高度"选项设置为30.0，"缩放宽度"选项设置为96.0，"旋转"选项设置为180.0°。展开"透明度"选项，将"透明度"选项设置为65.0%，其余选项的设置如图7-66所示。在"节目"窗口中预览效果，如图7-67所示。

图 7-66   图 7-67

（8）选择"效果"面板，单击"变换"文件夹左侧的三角形按钮▶将其展开，选中"羽化边缘"特效，如图7-68所示。将"羽化边缘"特效拖曳到"时间线"面板中"视频2"轨道的"02.jpg"文件上，如图 7-69 所示。

（9）在"时间线"面板中选中"02.jpg"文件，在"效果控制台"面板中展开"羽化边缘"选项，将"数量"选项设置为 10，如图 7-70 所示。至此，峡谷风光创意写真制作完成。

图 7-68

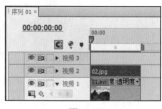
图 7-69

图 7-70

7.2.6　扭曲特效

"扭曲"特效主要通过对图像进行几何扭曲变形来制作出各种画面变形效果，该文件夹中共包含 13 种特效，如图 7-71 所示。其中，"滚动快门修复"特效可以修复因摄像机或拍摄对象移动产生的延迟而形成的扭曲。使用不同的特效后，效果如图 7-72 所示。

图 7-71

原图

偏移

变形稳定器

变换

弯曲

放大

旋转扭曲

图 7-72

波形弯曲

滚动快门修复

球面化

紊乱置换

边角固定

镜像

镜头扭曲

图 7-72（续）

7.2.7　杂波与颗粒特效

　　"杂波与颗粒"特效主要用于去除素材画面中的擦痕及噪点，该文件夹中共包含 6 种特效，如图 7-73 所示。使用不同的特效后，效果如图 7-74 所示。

图 7-73

原图

中值

杂波

杂波 Alpha

杂波 HLS

灰尘与划痕

自动杂波 HLS

图 7-74

7.2.8　透视特效

　　"透视"特效主要用于制作三维透视效果，使素材产生立体感或空间感。该文件夹中共包含 5

种特效，如图 7-75 所示。使用不同的特效后，效果如图 7-76 所示。

图 7-75

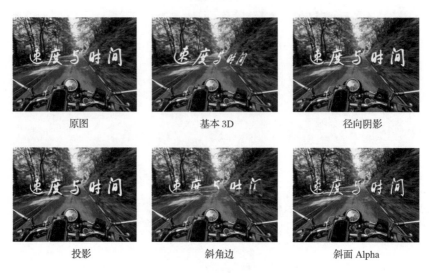

| 原图 | 基本 3D | 径向阴影 |

| 投影 | 斜角边 | 斜面 Alpha |

图 7-76

7.2.9　课堂案例——制作学习幻想创意赏析

【案例学习目标】学习使用特效制作彩色浮雕效果。

【案例知识要点】使用"彩色浮雕"特效制作图片的彩色浮雕效果，使用"亮度与对比度"特效调整图像的亮度与对比度。学习幻想创意赏析效果如图 7-77 所示。

【效果所在位置】Ch07/ 学习幻想创意赏析 / 学习幻想创意赏析 . prproj。

图 7-77

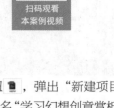

扫码观看
本案例视频

（1）启动 Premiere Pro CS6，弹出欢迎界面，单击"新建项目"按钮 ，弹出"新建项目"对话框。在"位置"选项右侧设置文件保存路径，在"名称"文本框中输入文件名"学习幻想创意赏析"，如图 7-78 所示。单击"确定"按钮，弹出"新建序列"对话框，在左侧的"有效预设"列表中展开"DV－PAL"选项，选择"标准 48kHz"模式，如图 7-79 所示，单击"确定"按钮，完成序列的创建。

图 7-78

图 7-79

（2）执行"文件 > 导入"命令，弹出"导入"对话框，选择本书素材中的"Ch07/ 学习幻想创意赏析 / 素材 /01.jpg"文件，如图 7-80 所示。单击"打开"按钮，将素材文件导入"项目"面板中，如图 7-81 所示。

图 7-80

图 7-81

（3）在"项目"面板中选中"01"文件，并将其拖曳到"时间线"面板中的"视频 1"轨道中，如图 7-82 所示。执行"窗口 > 效果"命令，弹出"效果"面板，展开"视频特效"文件夹，单击"风格化"文件夹前面的三角形按钮 将其展开，选中"彩色浮雕"特效，如图 7-83 所示。

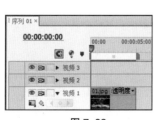
图 7-82

图 7-83

（4）将"彩色浮雕"特效拖曳到"时间线"面板"视频 1"轨道中的"01.jpg"文件上，如图 7-84 所示。选择"特效控制台"面板，展开"彩色浮雕"选项，将"方向"选项设置为 108.0°，"凸现"选项设置为 7.00，"对比度"选项设置为 150，"与原始图像混合"选项设置为 0%，如图 7-85 所示。

图 7-84　　　　　　　　　　　图 7-85

（5）选择"效果"面板，单击"色彩校正"文件夹前面的三角形按钮，将其展开，选中"亮度与对比度"特效，如图 7-86 所示。将"亮度与对比度"特效拖曳到"时间线"面板中的"视频 1"轨道中"01.jpg"文件上。

（6）选择"特效控制台"面板，展开"亮度与对比度"选项，将"亮度"选项设置为 20.0，"对比度"选项设置为 20.0，如图 7-87 所示，效果如图 7-88 所示。至此，学习幻想创意赏析制作完成。

图 7-86　　　　　　　图 7-87　　　　　　　图 7-88

7.2.10　风格化特效

"风格化"特效主要用于模拟一些美术风格，以实现丰富的画面效果。该文件夹中包含了 13 种特效，如图 7-89 所示。使用不同的特效后，效果如图 7-90 所示。

图 7-89

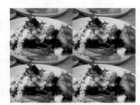

原图　　　　　　　　Alpha 辉光　　　　　　　复制

图 7-90

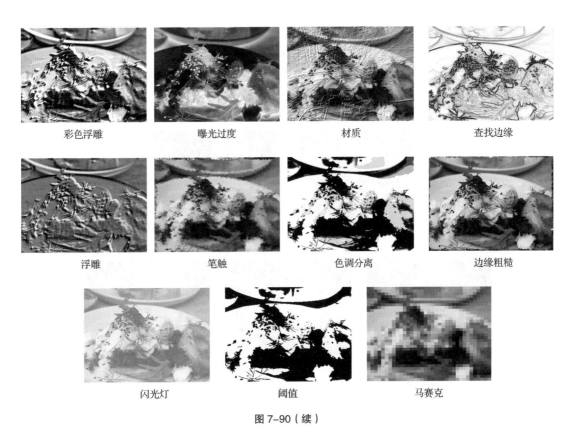

彩色浮雕	曝光过度	材质	查找边缘
浮雕	笔触	色调分离	边缘粗糙
闪光灯	阈值	马赛克	

图 7-90（续）

7.2.11　时间特效

"时间"特效用于对素材的时间特性进行控制。该文件夹中包含了 2 种特效，如图 7-91 所示。使用其中的"抽帧"特效可以将素材设定为以某一个帧率进行播放，从而产生跳帧的效果。使用不同的特效后，效果如图 7-92 所示。

```
▼ 🗀 时间
    🎞 抽帧
    🎞 重影
```

图 7-91

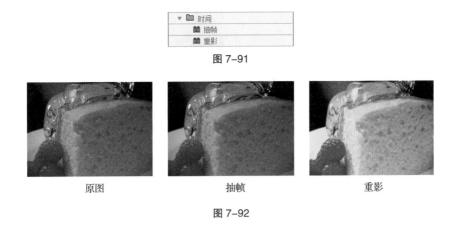

原图	抽帧	重影

图 7-92

7.2.12　过渡特效

"过渡"特效主要用于对两个素材进行连接切换。该文件夹中共包含了 5 种特效，如图 7-93 所示。使用不同的特效后，效果如图 7-94 所示。

图 7-93

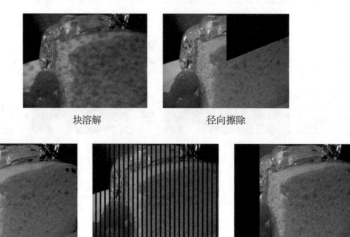

块溶解　　　　　　　　　　　　　　径向擦除

渐变擦除　　　　　　　百叶窗　　　　　　　线性擦除

图 7-94

7.2.13　视频特效

"视频"特效文件夹中只包含"时间码"一种特效，该特效主要用于对时间码进行显示，如图 7-95 所示。使用"时间码"特效后，效果如图 7-96 所示。

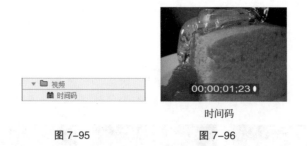

时间码

图 7-95　　　　　　　　　　　　图 7-96

7.3　课堂练习——制作特色动物写真

【练习知识要点】使用"亮度与对比度"特效调整图像的亮度与对比度，使用"分色"特效制作图像的脱色效果，使用"亮度曲线"特效调整图像的亮度，使用"更改颜色"特效改变图像中的颜色。特色动物写真效果如图 7-97 所示。

【效果所在位置】Ch07/特色动物写真/特色动物写真.prproj。

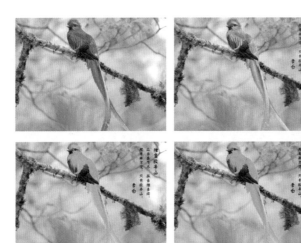

图 7-97

7.4 课后习题——制作儿童栏目宣传片

【习题知识要点】使用"位置"和"缩放比例"选项编辑图像的位置与大小，使用"旋转"选项和关键帧制作风车的转动效果。儿童栏目宣传片如图 7-98 所示。

【效果所在位置】Ch07/ 儿童栏目宣传片 / 儿童栏目宣传片 . prproj。

图 7-98

第 8 章

08

调色与抠像

▶ 本章介绍

　　本章主要介绍在 Premiere Pro CS6 中进行素材调色与抠像的基础设置方法。调色与抠像属于 Premiere Pro CS6 中较高级的剪辑应用，它可以使影片产生非常好的画面合成效果。读者通过学习本章案例，可以加强对相关知识的理解，从而熟练掌握 Premiere Pro CS6 的调色与抠像的技术。

学习目标

● 了解素材调色基础设置。
● 理解素材调色技术。
● 掌握抠像技术。

技能目标

● 掌握"水墨画赏析"案例的制作方法。
● 掌握"怀旧老电影宣传片"案例的制作方法。
● 掌握"美丽舞者节目赏析"案例的制作方法。

调色与抠像

8.1 调色

8.1.1 课堂案例——制作水墨画赏析

【案例学习目标】学习使用多个特效编辑视频，以产生叠加效果。

【案例知识要点】使用"黑白"特效将彩色视频转换为灰度视频，使用"查找边缘"特效制作视频内容的边缘效果，使用"色阶"特效调整视频的亮度和对比度，使用"高斯模糊"特效制作视频的模糊效果，使用"字幕"命令输入与编辑文字，使用"擦除"特效制作文字动态效果。水墨画赏析效果如图 8-1 所示。

【效果所在位置】Ch08/ 水墨画赏析 / 水墨画赏析 . prproj。

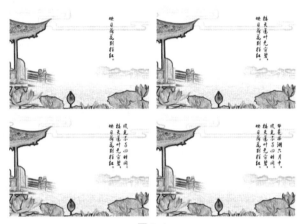

图 8-1

扫码观看
本案例视频

扫码观看
扩展案例

（1）启动 Premiere Pro CS6，弹出欢迎界面，单击"新建项目"按钮 ，弹出"新建项目"对话框。在"位置"选项右侧设置文件保存路径，在"名称"文本框中输入文件名"水墨画赏析"，如图 8-2 所示。单击"确定"按钮，弹出"新建序列"对话框，在左侧的"有效预设"列表中展开"DV - PAL"选项，选择"标准 48kHz"模式，如图 8-3 所示，单击"确定"按钮，完成序列的创建。

图 8-2　　　　　　　　　　　　　　　图 8-3

（2）执行"文件 > 导入"命令，弹出"导入"对话框，选择本书素材中的"Ch08/ 水墨画赏析 / 素材 /01.avi"文件，如图 8-4 所示。单击"打开"按钮，将素材文件导入"项目"面板中，如图 8-5 所示。

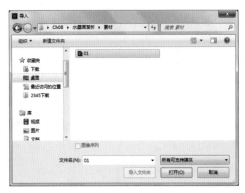

图 8-4　　　　　　　　　　　　　　图 8-5

（3）在"项目"面板中选中"01.avi"文件，并将其拖曳到"时间线"面板中的"视频 1"轨道中，弹出"素材不匹配警告"对话框，如图 8-6 所示。单击"保持现有设置"按钮，将"01.avi"文件放置在"视频 1"轨道中，如图 8-7 所示。

图 8-6　　　　　　　　　　　　　　图 8-7

（4）将时间标签放置在 05:00s 的位置，将鼠标指针放在"01.avi"文件的结束位置，当鼠标指针呈◄┃状时，向左拖曳鼠标指针到 05:00s 的位置，如图 8-8 所示。

（5）执行"窗口 > 效果"命令，弹出"效果"面板，展开"视频特效"文件夹，单击"图像控制"文件夹前面的三角形按钮▶将其展开，选中"黑白"特效，如图 8-9 所示。将"黑白"特效拖曳到"时间线"面板"视频 1"轨道中的"01.avi"文件上，如图 8-10 所示。

图 8-8　　　　　　　　图 8-9　　　　　　　　图 8-10

（6）将时间标签放置在 00:00s 的位置，选择"效果"面板，单击"风格化"文件夹左侧的三角形按钮▶将其展开，选中"查找边缘"特效，如图 8-11 所示。将"查找边缘"特效拖曳到"时间线"面板"视频 1"轨道的"01.avi"文件上。

（7）选择"特效控制台"面板，展开"查找边缘"特效，将"与原始图像混合"选项设置为 12%，如图 8-12 所示。在"节目"窗口中预览效果，如图 8-13 所示。

图 8-11

图 8-12

图 8-13

（8）选择"效果"面板，单击"调整"文件夹左侧的三角形按钮▶将其展开，选中"色阶"特效，如图 8-14 所示。将"色阶"特效拖曳到"时间线"面板"视频 1"轨道中的"01.avi"文件上。

（9）选择"特效控制台"面板，展开"色阶"特效，各选项的设置如图 8-15 所示。在"节目"窗口中预览效果，如图 8-16 所示。

图 8-14

图 8-15

图 8-16

（10）选择"效果"面板，单击"模糊与锐化"文件夹左侧的三角形按钮▶将其展开，选中"高斯模糊"特效，如图 8-17 所示。将"高斯模糊"特效拖曳到"时间线"面板"视频 1"轨道中的"01.avi"文件上。

（11）选择"特效控制台"面板，展开"高斯模糊"特效，将"模糊度"选项设置为 4.0，"模糊方向"选项设置为垂直，如图 8-18 所示。在"节目"窗口中预览效果，如图 8-19 所示。

图 8-17

图 8-18

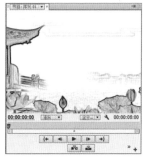

图 8-19

（12）执行"文件 > 新建 > 字幕"命令，弹出"新建字幕"对话框，设置"名称"选项右侧的文本框中输入"题词"，如图 8-20 所示，单击"确定"按钮，弹出字幕编辑窗口。

（13）选择"垂直文字"工具┃T┃，在字幕工作区中输入需要的文字，在"字幕属性"选项卡中选择需要的字体，勾选并展开"填充"选项组，将"颜色"选项设置为黑色，其他选项的设置如图8-21所示。关闭字幕编辑窗口，新建的字幕文件将自动保存到"项目"面板中。

图 8-20

图 8-21

（14）在"项目"面板中选中"题词"文件，并将其拖曳到"时间线"面板中的"视频2"轨道中，如图8-22所示。

（15）选择"效果"面板，展开"视频过渡"文件夹，单击"擦除"文件夹前面的三角形按钮▶将其展开，选中"擦除"特效，如图8-23所示。将"擦除"特效拖曳到"时间线"面板"视频2"轨道中的"题词"文件的开始位置，如图8-24所示。

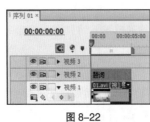

图 8-22

图 8-23

图 8-24

（16）选中"时间线"面板中的"擦除"特效，如图8-25所示。在"特效控制台"面板中将"持续时间"选项设置为04:00s，如图8-26所示。至此，水墨画赏析制作完成。

图 8-25

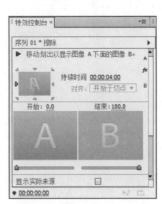

图 8-26

8.1.2　调整特效

如果需要调整素材的亮度、对比度、色彩以及通道，修复素材的偏色或者曝光不足等缺陷，制作特殊的色彩效果，可以使用"调整"特效。该类特效是使用转为频繁的一类特效，该文件夹中共包含 9 种特效，如图 8-27 所示。使用不同的特效后，效果如图 8-28 所示。

图 8-27

原图

卷积内核

基本信号控制

提取

照明效果

自动对比度

自动色阶

自动颜色

色阶

阴影 / 高光

图 8-28

8.1.3　课堂案例——制作怀旧老电影宣传片

【案例学习目标】学习使用多个特效制作怀旧老电影宣传片。

【案例知识要点】使用"导入"命令导入视频文件，使用"基本信号控制"特效调整图像的亮度、饱和度和对比度，使用"色彩平衡"特效调暗图像中的部分颜色，使用"DE_AgedFilm"特效制作老电影效果。怀旧老电影宣传片效果如图 8-29 所示。

【效果所在位置】Ch08/ 怀旧老电影宣传片 / 怀旧老电影宣传片 . prproj。

扫码观看
本案例视频

扫码观看
扩展案例

图 8-29

（1）启动 Premiere Pro CS6，弹出欢迎界面，单击"新建项目"按钮 ，弹出"新建项目"对话框。在"位置"选项右侧设置文件保存路径，在"名称"文本框中输入文件名"怀旧老电影宣传片"，如图 8-30 所示。单击"确定"按钮，弹出"新建序列"对话框，在左侧的"有效预设"列表中展开"DV - PAL"选项，选择"标准 48kHz"模式，如图 8-31 所示，单击"确定"按钮，完成序列的创建。

图 8-30

图 8-31

（2）执行"文件 > 导入"命令，弹出"导入"对话框，选择本书素材中的"Ch08/ 怀旧老电影宣传片 / 素材 /01.avi"文件，如图 8-32 所示。单击"打开"按钮，将素材文件导入"项目"面板中，如图 8-33 所示。

（3）在"项目"面板中选中"01.avi"文件，并将其拖曳到"时间线"面板中的"视频 1"轨道中，弹出"素材不匹配警告"对话框，如图 8-34 所示。单击"保持现有设置"按钮，将"01.avi"文件放置在"视频 1"轨道中，如图 8-35 所示。

图 8-32 图 8-33

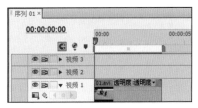

图 8-34 图 8-35

（4）执行"窗口 > 效果"命令，弹出"效果"面板，展开"视频特效"文件夹，单击"调整"文件夹前面的三角形按钮 ▶ 将其展开，选中"基本信号控制"特效，如图 8-36 所示。将"基本信号控制"特效拖曳到"时间线"面板"视频 1"轨道中的"01.avi"文件上，如图 8-37 所示。

图 8-36 图 8-37

（5）在"特效控制台"面板中展开"基本信号控制"特效，将"对比度"选项设置为 115.0，"饱和度"选项设置为 50.0，如图 8-38 所示。在"节目"窗口中预览效果，如图 8-39 所示。

图 8-38 图 8-39

（6）选择"效果"面板，单击"色彩校正"文件夹左侧的三角形按钮 ▶ 将其展开，选中"色彩平衡"特效，如图 8-40 所示。将"色彩平衡"特效拖曳到"时间线"面板中"视频 1"轨道的"01.avi"文件上。

（7）选择"特效控制台"面板，展开"色彩平衡"特效，各选项的设置如图 8-41 所示。在"节目"窗口中预览效果，如图 8-42 所示。

图 8-40   图 8-41   图 8-42

（8）选择"效果"面板，单击"Digieffects Damage v2.5"文件夹左侧的三角形按钮▶将其展开，选中"DE_AgedFilm"特效，如图 8-43 所示。将"DE_AgedFilm"特效拖曳到"时间线"面板中"视频 1"轨道的"01.avi"文件上。

（9）选择"特效控制台"面板，展开"DE_AgedFilm"特效，各选项的设置如图 8-44 所示。在"节目"窗口中预览效果，如图 8-45 所示。至此，怀旧老电影宣传片制作完成。

图 8-43   图 8-44   图 8-45

8.1.4　图像控制特效

"图像控制"特效的主要用途是对素材进行色彩的特效处理。这类特效广泛运用于视频编辑中，可以处理一些前期拍摄遗留的缺陷，或使素材达到某种预想的效果。"图像控制"特效是一组重要的特效，其文件夹中包含了 5 种特效，如图 8-46 所示。使用不同的特效后，效果如图 8-47 所示。

图 8-46

原图　　　　　　　　灰度系数（Gamma）校正　　　　　　色彩传递

颜色平衡（RGB）　　　　　　　颜色替换　　　　　　　　　黑白

图 8-47

8.2　抠像

8.2.1　课堂案例——制作美丽舞者节目赏析

【案例学习目标】学习使用特效抠出视频中的人物。

【案例知识要点】使用"导入"命令导入视频文件，使用"蓝屏键"特效抠出人物，使用"亮度与对比度"特效调整人物的亮度和对比度。美丽舞者节目赏析效果如图 8-48 所示。

【效果所在位置】Ch08/ 美丽舞者节目赏析 / 美丽舞者节目赏析 . prproj。

扫码观看
本案例视频

扫码观看
扩展案例

图 8-48

（1）启动 Premiere Pro CS6，弹出欢迎界面，单击"新建项目"按钮 ，弹出"新建项目"对话框。在"位置"选项右侧设置文件保存路径，在"名称"文本框中输入文件名"美丽舞者节目赏析"，如图 8-49 所示。单击"确定"按钮，弹出"新建序列"对话框，在左侧的"有效预设"列表中展开

"DV – PAL"选项，选择"标准 48kHz"模式，如图 8-50 所示，单击"确定"按钮，完成序列的创建。

图 8-49

图 8-50

（2）执行"文件 > 导入"命令，弹出"导入"对话框，选择本书素材中的"Ch08/ 美丽舞者节目赏析 / 素材 /01.avi、02.mov"文件，如图 8-51 所示。单击"打开"按钮，将素材文件导入"项目"面板中，如图 8-52 所示。

图 8-51

图 8-52

（3）在"项目"面板中选中"01.avi"文件，并将其拖曳到"时间线"面板中的"视频 1"轨道中，弹出"素材不匹配警告"对话框，如图 8-53 所示。单击"保持现有设置"按钮，将"01.avi"文件放置在"视频 1"轨道中，如图 8-54 所示。

图 8-53

图 8-54

（4）将时间标签放置在 01:04s 的位置，选择"剃刀"工具 ，在"01.avi"素材上单击切割影片，

如图 8-55 所示。选择"选择"工具，选择切割后时间标签右侧的片段，按 Delete 键将其删除，如图 8-56 所示。

（5）将时间标签放置在 00:00s 的位置。在"项目"面板中选中"02"文件，并将其拖曳到"时间线"面板中的"视频 2"轨道中，如图 8-57 所示。

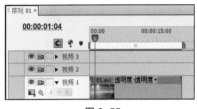
图 8-55

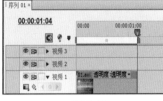
图 8-56

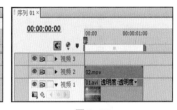
图 8-57

（6）执行"窗口 > 效果"命令，弹出"效果"面板，展开"视频特效"文件夹，单击"键控"文件夹前面的三角形按钮将其展开，选中"蓝屏键"特效，如图 8-58 所示。将"蓝屏键"特效拖曳到"时间线"面板"视频 2"轨道中的"02.mov"文件上，如图 8-59 所示。

图 8-58

图 8-59

（7）选择"特效控制台"面板，展开"蓝屏键"特效，将"阈值"选项设置为 70.0%，"屏蔽度"选项设置为 15.0%，如图 8-60 所示。在"节目"窗口中预览效果，如图 8-61 所示。

图 8-60

图 8-61

（8）选择"效果"面板，单击"色彩校正"文件夹左侧的三角形按钮将其展开，选择"亮度与对比度"特效，如图 8-62 所示。将"亮度与对比度"特效拖曳到"时间线"面板"视频 2"轨道的"02.mov"文件上。

（9）选择"特效控制台"面板，展开"亮度与对比度"特效，各选项的设置如图 8-63 所示。在"节目"窗口中预览效果，如图 8-64 所示。至此，美丽舞者节目赏析制作完成。

图 8-62	图 8-63	图 8-64

8.2.2　键控特效

"键控"又称抠像，是指使用特定的颜色值（颜色键控或者色度键控）和亮度值（亮度键控）来定义视频素材中的透明区域。当设置特定值时，颜色值或者亮度值相同的所有像素将变为透明。该文件夹中包含了 15 种特效，如图 8-65 所示。使用不同的特效后，效果如图 8-66 所示。

图 8-65

原图 1	原图 2	16 点无用信号遮罩

4 点无用信号遮罩	8 点无用信号遮罩	Alpha 调整	RGB 差异键

图 8-66

亮度键

图像遮罩键

差异遮罩

极致键

移除遮罩

色度键

蓝屏键

轨道遮罩键

非红色键

颜色键

图 8-66（续）

8.3　课堂练习——制作景意交融创意赏析

【练习知识要点】使用"分色"特效制作图片去色和动画效果。景意交融创意赏析效果如图 8-67 所示。

【效果所在位置】Ch08/ 景意交融创意赏析 / 景意交融创意赏析 . prproj。

图 8-67

扫码观看
本案例视频

8.4 课后习题——制作淡彩铅笔画赏析

【习题知识要点】使用"导入"命令导入素材文件，使用"缩放比例"选项改变图像的大小，使用"透明度"选项改变图像的不透明度，使用"查找边缘"特效制作图像的边缘，使用"色阶"特效调整图像的亮度和对比度，使用"黑白"特效将彩色图像转换为灰度图像，使用"笔触"特效制作图像的粗糙外观。淡彩铅笔画赏析效果如图 8-68 所示。

【效果所在位置】Ch08/ 淡彩铅笔画赏析 / 淡彩铅笔画赏析 . prproj。

扫码观看
本案例视频

图 8-68

第 9 章

商业案例

▶ 本章介绍

　　本章根据真实情境来搭建场景，讲解如何利用前几章的知识完成商业项目设计。通过多个真实商业案例的演练，读者可以进一步巩固 Premiere Pro CS6 的操作和使用技巧，并可以更好地应用所学技能制作出专业的商业设计作品。

学习目标

- 了解 Premiere Pro CS6 的常用设计领域。
- 掌握 Premiere Pro CS6 在不同设计领域中的使用技巧。

技能目标

- 掌握"音乐栏目包装"案例的制作方法。
- 掌握"科技时代片头"案例的制作方法。
- 掌握"牛奶广告"案例的制作方法。
- 掌握"旅行电子相册"案例的制作方法。
- 掌握"儿歌 MV"案例的制作方法。

商业案例

9.1 制作音乐栏目包装

9.1.1 项目背景及要求

1. 客户名称

温文电视台。

2. 客户需求

《百变歌手第二季》是温文电视台策划的大型音乐真人秀节目，是由第一季原班人马打造的大众歌手选秀赛。此项赛事接受任何喜欢唱歌的个人或组合报名，它颠覆了传统的规则，受到了许多观众的喜爱，是现今温文电视台颇受欢迎的娱乐节目。本案例要制作音乐栏目包装，要求符合大众口味。

3. 设计要求

（1）设计要充分结合音乐元素。

（2）设计形式要简洁明晰，能表现节目特色。

（3）画面要活泼，给人热情的视觉印象。

（4）设计风格具有特色，能够让人感觉到较强的视觉冲击力。

（5）设计规格为 720h×576v(1.0940)、25.00 帧 / 秒、D1/DV PAL(1.0940)。

9.1.2 项目创意及展示

1. 设计素材

素材所在位置：本书素材中的"Ch09/ 音乐栏目包装 / 素材 /01.psd"。

2. 效果展示

设计作品所在位置：本书素材中的"Ch09/ 音乐栏目包装 / 音乐栏目包装.prproj"，如图 9-1 所示。

图 9-1

3. 技术要点

使用"彩色蒙板"选项绘制白色的背景遮罩效果，使用"色阶"特效调整背景的颜色，使用"方向模糊"特效制作背景装饰文字的模糊效果,在"特效控制台"面板中编辑视频的位置、缩放比例并使用"透明度"选项制作动画效果,使用不同的"过渡"特效制作视频之间的转场效果。

9.1.3 项目制作

1. 制作画面 1

(1)启动 Premiere Pro CS6,弹出欢迎界面,单击"新建项目"按钮 ,弹出"新建项目"对话框。在"位置"选项右侧设置文件保存路径,在"名称"文本框中输入文件名"音乐栏目包装",如图 9-2 所示。单击"确定"按钮,弹出"新建序列"对话框,在左侧的"有效预设"列表中展开"DV - PAL"选项,选择"标准 48kHz"模式,如图 9-3 所示,单击"确定"按钮,完成序列的创建。

图 9-2   图 9-3

(2)执行"文件 > 导入"命令,弹出"导入"对话框,选择本书素材中的"Ch09/ 音乐栏目包装 / 01.psd"文件。单击"打开"按钮,在弹出的"导入分层文件: 01"对话框中进行设置,如图 9-4 所示。单击"确定"按钮,将素材文件导入"项目"面板中,如图 9-5 所示。

图 9-4   图 9-5

（3）执行"文件 > 新建 > 彩色蒙板"命令，弹出"新建彩色蒙板"对话框，各选项的设置如图9–6所示。单击"确定"按钮，在弹出的"颜色拾取"对话框中进行设置，如图9–7所示。单击"确定"按钮，弹出"选择名称"对话框，如图9–8所示。单击"确定"按钮，"项目"面板中将自动新建"颜色遮罩"层，如图9–9所示。在"项目"面板中选中"颜色遮罩"文件，并将其拖曳到"时间线"面板中的"视频1"轨道中，如图9–10所示。

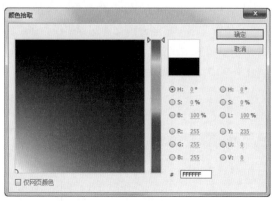

图 9–6

图 9–7

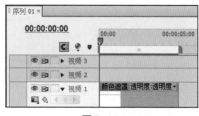

图 9–8

图 9–9

图 9–10

（4）将时间标签放置在22:00s的位置，将鼠标指针放在"颜色遮罩"文件的结束位置，当鼠标指针呈 ▶ 状时，向右拖曳鼠标指针到22:00s的位置，如图9–11所示。在"项目"面板中选中"底图 /01.psd"文件，并将其拖曳到"时间线"面板中的"视频2"轨道中，如图9–12所示。

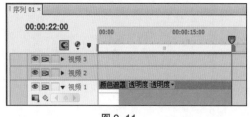

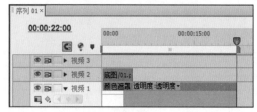

图 9–11

图 9–12

（5）将时间标签放置在09:24s的位置，将鼠标指针放在"底图 /01.psd"文件的结束位置，当鼠标指针呈 ▶ 状时，向右拖曳指针到09:24s的位置，如图9–13所示。将时间标签放置在01:00s的位置，在"项目"面板中选中"music/01.psd"文件，并将其拖曳到"时间线"面板中的"视频3"轨道中，如图9–14所示。

图 9-13　　　　　　　　　　　　　　　图 9-14

（6）将时间标签放置在 09:24s 的位置，将鼠标指针放在"music/01.psd"文件的结束位置，当鼠标指针呈▶状时，向右拖曳鼠标指针到 09:24s 的位置，如图 9-15 所示。

（7）将时间标签放置在 01:00s 的位置，选中"music/01.psd"文件。选择"特效控制台"面板，展开"运动"选项，将"位置"选项设置为 -353.0 和 288.0，如图 9-16 所示，单击"位置"选项左侧的"切换动画"按钮▣，如图 9-17 所示，记录第 1 个动画关键帧。将时间标签放置在 01:20s 的位置，在"特效控制台"面板中将"位置"选项设置为 980.0 和 288.0，如图 9-18 所示，记录第 2 个动画关键帧。

图 9-15　　　　　　　　　　　　　　　图 9-16

图 9-17　　　　　　　　　　　　　　　图 9-18

（8）将时间标签放置在 02:15s 的位置，在"特效控制台"面板中将"位置"选项设置为 360.0 和 288.0，如图 9-19 所示，记录第 3 个动画关键帧。将时间标签放置在 03:10s 的位置，在"特效控制台"面板中将"位置"选项设置为 459.0 和 288.0，如图 9-20 所示，记录第 4 个动画关键帧。

（9）将时间标签放置在 04:05s 的位置，在"特效控制台"面板中将"位置"选项设置为 986.0 和 288.0，如图 9-21 所示，记录第 5 个动画关键帧。将时间标签放置在 05:00s 的位置，在"特效控制台"面板中将"位置"选项设置为 360.0 和 288.0，如图 9-22 所示，记录第 6 个动画关键帧。

图 9-19　　　　　　　　　　　　图 9-20

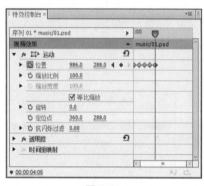

图 9-21　　　　　　　　　　　　图 9-22

（10）执行"窗口 > 效果"命令，弹出"效果"面板，展开"视频特效"文件夹，单击"模糊与锐化"文件夹前面的三角形按钮▶将其展开，选中"方向模糊"特效，如图 9-23 所示。将"方向模糊"特效拖曳到"时间线"面板"视频 3"轨道中的"music/01.psd"文件上，如图 9-24 所示。选择"特效控制台"面板，展开"方向模糊"特效，将"方向"选项设置为 90.0°，"模糊长度"选项设置为 20.0，如图 9-25 所示。

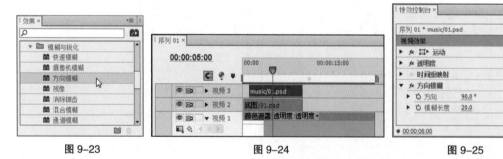

图 9-23　　　　　　　　　　图 9-24　　　　　　　　　　图 9-25

（11）将时间标签放置在 03∶10s 的位置，在"特效控制台"面板中单击"模糊长度"选项左侧的"切换动画"按钮，如图 9-26 所示，记录第 1 个动画关键帧。将时间标签放置在 04∶05s 的位置，在"特效控制台"面板中将"模糊长度"选项设置为 0.0，如图 9-27 所示，记录第 2 个动画关键帧。

（12）将时间标签放置在 05∶00s 的位置，在"项目"面板中选中"纹理 1/01.psd"文件，并将其拖曳到视频轨道"视频 4"轨道中，如图 9-28 所示。选中"纹理 1/01.psd"文件，选择"特效控制台"面板，展开"透明度"选项，将"透明度"选项设置为 0.0%，记录第 1 个动画关键帧，如

图9-29所示。将时间标签放置在06:00s的位置，在"特效控制台"面板中将"透明度"选项设置为100.0%，记录第2个动画关键帧，如图9-30所示。

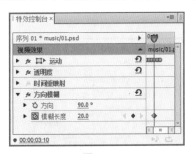

图9-26

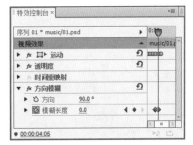

图9-27

图9-28

图9-29

图9-30

（13）在"项目"面板中选中"纹理2/01.psd"文件，并将其拖曳到视频5"轨道中，如图9-31所示。将时间标签放置在09:24s的位置，将鼠标指针放在"纹理2/01.psd"文件的结束位置，当鼠标指针呈◀状时，向左拖曳鼠标指针到09:24s的位置，如图9-32所示。

图9-31

图9-32

（14）选中"视频5"轨道中的"纹理2/01.psd"文件，将时间标签放置在06:00s的位置。选择"特效控制台"面板，展开"透明度"选项，将"透明度"选项设置为0.0%，如图9-33所示。将时间标签放置在07:00s的位置，在"特效控制台"面板中将"透明度"选项设置为40.0%，如图9-34所示。

图9-33

图9-34

（15）在"项目"面板中选中"投影/01.psd"文件，并将其拖曳到"视频6"轨道中，如图9-35所示。将时间标签放置在09:24s的位置，将鼠标指针放在"投影/01.psd"文件的结束位置，当鼠标指针呈◄状时，向左拖曳鼠标指针到09:24s的位置，如图9-36所示。

图 9-35   图 9-36

（16）选中"视频6"轨道中的"投影/01.psd"文件，将时间标签放置在07:00s的位置。选择"特效控制台"面板，展开"运动"选项，将"缩放比例"选项设置为0.0，如图9-37所示。单击"缩放比例"选项左侧的"切换动画"按钮⏱，如图9-38所示，记录第1个动画关键帧。

图 9-37   图 9-38

（17）将时间标签放置在08:00s的位置，在"特效控制台"面板中将"缩放比例"选项设置为100.0，如图9-39所示，记录第2个动画关键帧。用上述的方法制作"人物/01.psd"文件的动画效果，"时间线"面板如图9-40所示。

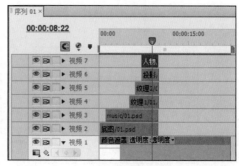

图 9-39   图 9-40

2．制作画面 2

（1）在"项目"面板中选中"底图 2/01.psd"文件，并将其拖曳到"时间线"面板中的"视频 2"轨道中，如图 9-41 所示。将时间标签放置在 22:00s 的位置，将鼠标指针放在"底图 2/01.psd"文件的结束位置，当鼠标指针呈 ◄► 状时，向右拖曳鼠标指针到 22:00s 的位置，如图 9-42 所示。

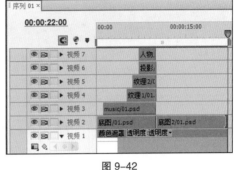

图 9-41　　　　　　　　　　　　　　　图 9-42

（2）在"效果"面板中展开"视频切换"文件夹，单击"擦除"文件夹前面的三角形按钮 ▶ 将其展开，选中"风车"特效，如图 9-43 所示。将"风车"特效拖曳到"时间线"面板"视频 2"轨道中的"底图 2/01.psd"文件的开始位置，如图 9-44 所示。

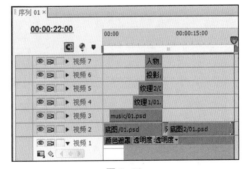

图 9-43　　　　　　　　　　　　　　图 9-44

（3）将时间标签放置在 11:00s 的位置，在"项目"面板中选中"人物 2/01.psd"文件，并将其拖曳到"时间线"面板中的"视频 3"轨道中，如图 9-45 所示。将时间标签放置在 22:00s 的位置，将鼠标指针放在"人物 2/01.psd"文件的尾部，当鼠标指针呈 ◄► 状时，向右拖曳鼠标指针到 22:00s 的位置，如图 9-46 所示。

（4）选中"视频 3"轨道中的"人物 2/01.psd"文件，将时间标签放置在 11:00s 的位置。选择"特效控制台"面板，展开"运动"选项，将"缩放比例"选项设置为 0.0，如图 9-47 所示，单击"缩放比例"选项左侧的"切换动画"按钮 ⏱，如图 9-48 所示，记录第 1 个动画关键帧。将时间标签放置在 12:00s 的位置，在"特效控制台"面板中将"缩放比例"选项设置为 100.0，如图 9-49 所示，记录第 2 个动画关键帧。

图 9-45

图 9-46

图 9-47

图 9-48

图 9-49

（5）在"特效控制台"面板中展开"透明度"选项，单击"透明度"选项右侧的"添加／移除关键帧"按钮◆，如图 9-50 所示，记录第 1 个动画关键帧。将时间标签放置在 12:02s 的位置，在"特效控制台"面板中将"透明度"选项设置为 0.0%，如图 9-51 所示，记录第 2 个动画关键帧。

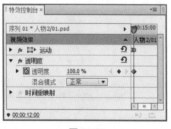

图 9-50

图 9-51

（6）将时间标签放置在 12:04s 的位置，在"特效控制台"面板中将"透明度"选项设置为 100.0%，如图 9-52 所示，添加第 3 个关键帧。将时间标签放置在 12:06s 的位置，在"特效控制台"面板中将"透明度"选项设置为 0.0%，如图 9-53 所示，添加第 4 个关键帧。

图 9-52

图 9-53

（7）使用上述方法，分别在 12:08s、12:12s、12:16s 和 12:20s 的位置记录一个不透明度为 100.0% 的关键帧，如图 9-54 所示；分别在 12:10s、12:14s 和 12:18s 的位置记录一个不透明度为 0.0% 的关键帧，如图 9-55 所示。

图 9-54

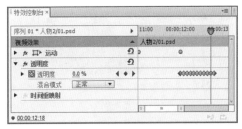
图 9-55

（8）将时间标签放置在 13:00s 的位置，在"项目"面板中选中"剪影 /01.psd"文件，并将其拖曳到"时间线"面板中的"视频 4"轨道中，如图 9-56 所示。将时间标签放置在 22:00s 的位置，将鼠标指针放在"剪影 /01.psd"文件的结束位置，当鼠标指针呈█状时，向右拖曳鼠标指针到 22:00s 的位置，如图 9-57 所示。

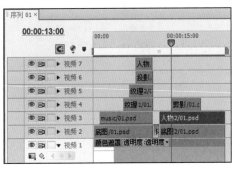
图 9-56

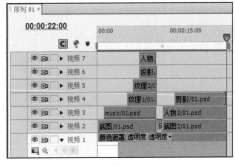
图 9-57

（9）在"效果"面板中单击"擦除"文件夹前面的三角形按钮 ▶ 将其展开，选中"插入"特效，如图 9-58 所示。将"插入"特效拖曳到"时间线"面板中"视频 4"轨道中的"剪影 /01.psd"文件的开始位置，如图 9-59 所示。

图 9-58

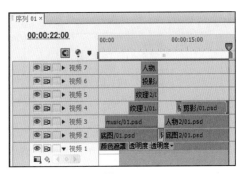
图 9-59

（10）将时间标签放置在 14:00s 的位置，在"项目"面板中选中"飞溅 /01.psd"文件，并将其拖曳到"时间线"面板中的"视频 5"轨道中，如图 9-60 所示。将时间标签放置在 22:00s 的位置，将鼠标指针放在"飞溅 /01.psd"文件的结束位置，当鼠标指针呈█状时，向右拖曳鼠标指针到 22:00s 的位置，如图 9-61 所示。

图 9-60　　　　　　　　　　　　　　　　　　　图 9-61

（11）在"效果"面板中选中"油漆飞溅"特效，如图 9-62 所示。将"油漆飞溅"特效拖曳到"时间线"面板中"视频 5"轨道中的"飞溅 /01.psd"文件的开始位置，如图 9-63 所示。

图 9-62　　　　　　　　　　　　　　　　　　　图 9-63

（12）将时间标签放置在 15:00s 的位置，在"项目"面板中选中"飞溅 2/01.psd"文件，并将其拖曳到"时间线"面板中的"视频 6"轨道中，如图 9-64 所示。将时间标签放置在 22:00s 的位置，将鼠标指针放在"飞溅 2/01.psd"文件的结束位置，当鼠标指针呈 状时，向右拖曳鼠标指针到 22:00s 的位置，如图 9-65 所示。

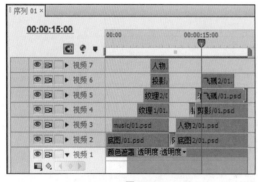

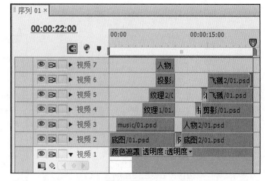

图 9-64　　　　　　　　　　　　　　　　　　　图 9-65

（13）在"效果"面板中选中"油漆飞溅"特效，如图 9-66 所示。将"油漆飞溅"特效拖曳到"时间线"面板中"视频 6"轨道中的"飞溅 2/01.psd"文件的开始位置，如图 9-67 所示。

（14）将时间标签放置在 16:00s 的位置，在"项目"面板中选中"图形 /01.psd"文件，并将其拖曳到"时间线"面板中的"视频 7"轨道中，如图 9-68 所示。将时间标签放置在 22:00s 的位置，将鼠标指针放在"图形 /01.psd"文件的结束位置，当鼠标指针呈┫状时，向右拖曳鼠标指针到 22:00s 的位置，如图 9-69 所示。

图 9-66

图 9-67

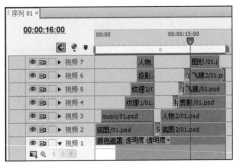

图 9-68

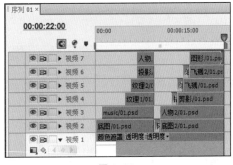

图 9-69

（15）选中"视频 7"轨道中的"图形 /01.psd"文件，将时间标签放置在 16:00s 的位置。选择"特效控制台"面板，展开"运动"选项，将"缩放比例"选项设置为 0.0，如图 9-70 所示，单击"缩放比例"选项左侧的"切换动画"按钮🕙，如图 9-71 所示，记录第 1 个动画关键帧。将时间标签放置在 17:00s 的位置，在"特效控制台"面板中将"缩放比例"选项设置为 100.0，如图 9-72 所示，记录第 2 个动画关键帧。

图 9-70

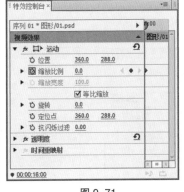

图 9-71

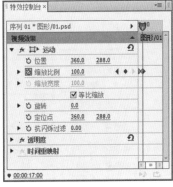

图 9-72

（16）将时间标签放置在 17:00s 的位置，在"项目"面板中选中"文字 /01.psd"文件，并将其拖曳到"视频 8"轨道中，如图 9-73 所示。选中"视频 8"轨道中的"文字 /01.psd"文件，选择"特效控制台"面板，展开"运动"选项，将"缩放比例"选项设置为 0.0，如图 9-74 所示。

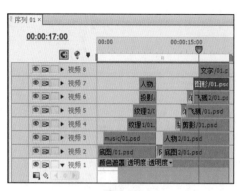

图 9-73　　　　　　　　　　　　　　　　图 9-74

（17）单击"缩放比例"选项左侧的"切换动画"按钮，如图 9-75 所示，记录第 1 个动画关键帧。将时间标签放置在 18:00s 的位置，在"特效控制台"面板中将"缩放比例"选项设置为130.0，如图 9-76 所示，记录第 2 个动画关键帧。将时间标签放置在 18:10s 的位置，在"特效控制台"面板中将"缩放"选项设置为 100.0，如图 9-77 所示，记录第 3 个动画关键帧。

图 9-75　　　　　　　　　　　图 9-76　　　　　　　　　　　图 9-77

（18）将时间标签放置在 19:00s 的位置，在"项目"面板中选中"喇叭 /01.psd"文件，并将其拖曳到视频轨道上方的空白处，放置到"视频 9"轨道中，如图 9-78 所示。将时间标签放置在22:00s 的位置，将鼠标指针放在"喇叭 /01.psd"文件的结束位置，当鼠标指针呈状时，向左拖曳鼠标指针到 22:00s 的位置，如图 9-79 所示。

图 9-78　　　　　　　　　　　　　　　　图 9-79

（19）选中"视频 9"轨道中的"喇叭 /01.psd"文件，将时间标签放置在 19:00s 的位置。选择"特效控制台"面板，展开"运动"选项，将"缩放比例"选项设置为 0.0，如图 9-80 所示，单击"缩放比例"选项左侧的"切换动画"按钮⬚，如图 9-81 所示，记录第 1 个动画关键帧。

图 9-80

图 9-81

（20）将时间标签放置在 19:20s 的位置，在"特效控制台"面板中将"缩放比例"选项设置为 120.0，如图 9-82 所示，记录第 2 个动画关键帧。将时间标签放置在 20:00s 的位置，在"特效控制台"面板中将"缩放比例"选项设置为 100.0，如图 9-83 所示，记录第 3 个动画关键帧。

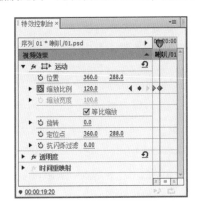

图 9-82

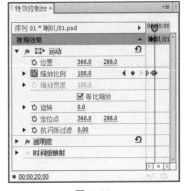

图 9-83

（21）将时间标签放置在 20:05s 的位置，在"特效控制台"面板中将"缩放比例"选项设置为 120.0，如图 9-84 所示，记录第 4 个动画关键帧。将时间标签放置在 20:10s 的位置，在"特效控制台"面板中将"缩放比例"选项设置为 100.0，如图 9-85 所示，记录第 5 个动画关键帧。

图 9-84

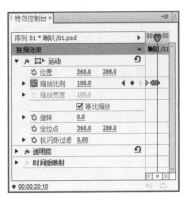

图 9-85

（22）将时间标签放置在 20:15s 的位置，在"特效控制台"面板中将"缩放比例"选项设置为 120.0，如图 9-86 所示，记录第 6 个动画关键帧。将时间标签放置在 20:20s 的位置，在"特效控制台"面板中将"缩放比例"选项设置为 100.0，如图 9-87 所示，记录第 7 个动画关键帧。至此，音乐栏目包装制作完成。

图 9-86

图 9-87

9.2 制作科技时代片头

9.2.1 项目背景及要求

1. 客户名称

申科迪设计公司。

2. 客户需求

申科迪设计公司是一家从事节目片头、栏目包装、歌曲 MV、广告相册制作的设计公司。本案例是为一家科技公司设计制作栏目片头，需要表现出时尚感和科技感。

3. 设计要求

（1）设计风格要时尚现代、直观醒目。

（2）设计形式要独特且充满创意。

（3）图文搭配要合理，让画面显得既和谐又美观。

（4）整体设计要彰显出科技的魅力。

（5）设计规格为 720h×576v(1.0940)、25.00 帧 / 秒、D1/DV PAL(1.0940)。

9.2.2 项目创意及展示

1. 设计素材

素材所在位置：本书素材中的"Ch09/ 科技时代片头 / 素材 /01.avi、02.avi、03.png、04.png、05.png、06.png、07.png"。

2. 效果展示

设计作品所在位置：本书素材中的"Ch09/ 科技时代片头 / 科技时代片头 .prproj"，如图 9-88 所示。

扫码观看
本案例视频

扫码观看
本案例视频

扫码观看
扩展案例

图 9-88

3. 技术要点

使用"字幕"命令添加并编辑文字,在"特效控制台"面板中编辑图片的位置制作动画效果,使用不同的转场特效制作视频之间的转场效果。

9.2.3 项目制作

1. 添加项目文件

(1)启动 Premiere Pro CS6,弹出欢迎界面,单击"新建项目"按钮 █,弹出"新建项目"对话框。在"位置"选项右侧设置文件保存路径,在"名称"文本框中输入文件名"科技时代片头",如图 9-89 所示。单击"确定"按钮,弹出"新建序列"对话框,在左侧的"有效预设"列表中展开"DV - PAL"选项,选择"标准 48kHz"模式,如图 9-90 所示,单击"确定"按钮,完成序列的创建。

图 9-89

图 9-90

(2)执行"文件 > 导入"命令,弹出"导入"对话框,选择本书素材中的"Ch09/ 科技时代片头 / 素材 /01.avi、02.avi、03.png、04.png、05.png、06.png、07.png"文件,如图 9-91 所示。单击"打开"按钮,将素材文件导入"项目"面板中,如图 9-92 所示。

图 9-91   图 9-92

（3）执行"文件 > 新建 > 字幕"命令，弹出"新建字幕"对话框，如图 9-93 所示。单击"确定"按钮，弹出字幕编辑窗口。

（4）选择"文字"工具 T ，在字幕工作区中输入"科技时代"，在"字幕属性"选项卡中选择需要的字体，勾选并展开"填充"选项组，将"填充类型"选项设置为"线性渐变"，"颜色"选项设置为从白色到蓝色（0、77、255）过渡，其他选项的设置如图 9-94 所示。

图 9-93   图 9-94

（5）选择"文字"工具 T ，在字幕工作区中输入"Ke Ji Shi Dai"，在"字幕属性"选项卡中选择需要的字体，其他选项的设置如图 9-95 所示。关闭字幕编辑窗口，新建的字幕文件将自动保存到"项目"面板中。

图 9-95

（6）执行"文件 > 新建 > 字幕"命令，弹出"新建字幕"对话框，如图 9-96 所示。单击"确定"按钮，弹出字幕编辑窗口。

（7）选择"文字"工具 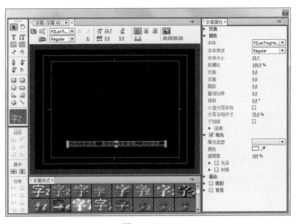，在字幕工作区中输入"科技的本质是：发现或发明事物之间的联系。"在"字幕属性"选项卡中选择需要的字体，其他选项的设置如图 9-97 所示。

图 9-96　　　　　　　　　　　　　　　　　图 9-97

2. 制作场景动画

（1）在"项目"面板中选中"01.avi"文件，并将其拖曳到"时间线"面板中的"视频1"轨道中，如图 9-98 所示。将时间标签放置在 03:00s 的位置，在"视频1"轨道上选中"01.avi"文件，将鼠标指针放在"01.avi"文件的结束位置，当鼠标指针呈 状时，向左拖曳鼠标指针到 03:00s 的位置，如图 9-99 所示。

图 9-98　　　　　　　　　　　　　　　　　图 9-99

（2）将时间标签放置在 01:00s 的位置。在"项目"面板中选中"字幕01"文件，并将其拖曳到"时间线"面板中的"视频2"轨道中，如图 9-100 所示。将鼠标指针放在"字幕01"文件的结束位置，当鼠标指针呈 状时，向左拖曳鼠标指针到"01.avi"文件的结束位置，如图 9-101 所示。

图 9-100　　　　　　　　　　　　　　　　　图 9-101

（3）选中"视频2"轨道中的"字幕01"文件，选择"特效控制台"面板，展开"运动"选项，将"缩放比例"选项设置为 20.0，单击"缩放比例"选项左侧的"切换动画"按钮 ，记录第 1 个动画关键帧，如图 9-102 所示。将时间标签放置在 02:12s 的位置，在"特效控制台"面板中将"缩放比例"选项设置为 100.0，记录第 2 个动画关键帧，如图 9-103 所示。

图 9-102　　　　　　　　　　图 9-103

（4）在"项目"面板中选中"02.avi"文件，并将其拖曳到"时间线"面板中的"视频 1"轨道中，如图 9-104 所示。在"项目"面板中选中"03.png"文件，并将其拖曳到"时间线"面板中的"视频 2"轨道中，如图 9-105 所示。

图 9-104　　　　　　　　　　图 9-105

（5）将时间标签放置在 07:15s 的位置，将鼠标指针放在"03.png"文件的结束位置，当鼠标指针呈 ◄❙ 状时，向左拖曳鼠标指针到 07:15s 的位置，如图 9-106 所示。

图 9-106

（6）选中"视频 2"轨道中的"03.png"文件，将时间标签放置在 03:14s 的位置。选择"特效控制台"面板，展开"运动"选项，将"位置"选项设置为 - 114.4 和 296.7，"缩放比例"选项设置为 120.0，"定位点"选项设置为 74.2 和 112.6，单击"位置"选项左侧的"切换动画"按钮 ◎，记录第 1 个动画关键帧，如图 9-107 所示。

（7）将时间标签放置在 04:10s 的位置，在"特效控制台"面板中将"位置"选项设置为 156.7 和 296.7，记录第 2 个动画关键帧，如图 9-108 所示。

图 9-107　　　　　　　　　　图 9-108

（8）将时间标签放置在04:11s的位置，在"项目"面板中选中"04.png"文件，并将其拖曳到"时间线"面板中的"视频3"轨道中，如图9-109所示。

（9）将鼠标指针放在"04.png"文件的结束位置，当鼠标指针呈 ┫ 状时，向左拖曳鼠标指针到"03.png"文件的结束位置，如图9-110所示。

图9-109   图9-110

（10）选中"视频3"轨道中的"04.png"文件，选择"特效控制台"面板，展开"运动"选项，将"位置"选项设置为-88.0和308.2，"缩放比例"选项设置为120.0，"定位点"选项设置为86.9和126.1，单击"位置"选项左侧的"切换动画"按钮 🖰，记录第1个动画关键帧，如图9-111所示。

（11）将时间标签放置在05:15s的位置，在"特效控制台"面板中将"位置"选项设置为362.6和308.2，记录第2个动画关键帧，如图9-112所示。

图9-111   图9-112

（12）在"项目"面板中选中"05.png"文件，并将其拖曳到"视频4"轨道中，如图9-113所示。将鼠标指针放在"05.png"文件的结束位置，当鼠标指针呈 ┫ 状时，向左拖曳鼠标指针到"04.png"文件的结束位置，如图9-114所示。

图9-113   图9-114

（13）选中"视频4"轨道中的"05.png"文件，选择"特效控制台"面板，展开"运动"选项，将"位置"选项设置为804.5和304.4，"缩放比例"选项设置为120.0，"定位点"选项设置为76.8和120.3，单击"位置"选项左侧的"切换动画"按钮 🖰，如图9-115所示，记录第1个动画关键帧。

（14）将时间标签放置在07:09s的位置，在"特效控制台"面板中将"位置"选项设置为540.4和304.4，记录第2个动画关键帧，如图9-116所示。

图 9-115 图 9-116

（15）在"项目"面板中选中"06.png"文件，并将其拖曳到"时间线"面板中的"视频2"轨道中，如图9-117所示。将鼠标指针放在"06.png"文件的结束位置，当鼠标指针呈 ➔ 状时，向左拖曳鼠标指针到"02.avi"文件的结束位置，如图9-118所示。

图 9-117 图 9-118

（16）选中"视频2"轨道中的"06.png"文件，将时间标签放置在07:20s的位置。选择"特效控制台"面板，展开"运动"选项，将"位置"选项设置为231.5和288.0，"缩放比例"选项设置为120.0，如图9-119所示。

（17）将时间标签放置在08:18s的位置，在"项目"面板中选中"07.png"文件，并将其拖曳到"时间线"面板中的"视频3"轨道中，如图9-120所示。将鼠标指针放在"07.png"文件的结束位置，当鼠标指针呈 ➔ 状时，向左拖曳鼠标指针到"06.png"文件的结束位置，如图9-121所示。

（18）选中"07.png"文件，选择"特效控制台"面板，展开"运动"选项，将"位置"选项设置为481.5和288.0，"缩放比例"选项设置为120.0，如图9-122所示。

图 9-119 图 9-120

图 9-121 图 9-122

（19）执行"窗口 > 效果"命令，弹出"效果"面板，展开"视频特效"文件夹，单击"卷页"文件夹前面的三角形按钮 ▶ 将其展开，选中"翻页"特效，如图 9-123 所示。将"翻页"特效拖曳到"时间线"面板中"视频 3"轨道中的"07.png"文件的开始位置，如图 9-124 所示。

图 9-123

图 9-124

（20）将时间标签放置在 06：09s 的位置，在"项目"面板中选中"字幕 02"文件，并将其拖曳到"视频 5"轨道中，如图 9-125 所示。将鼠标指针放在"字幕 02"文件的结束位置，当鼠标指针呈 ◀▶ 状时，向左拖曳鼠标指针到"06.png"文件的结束位置，如图 9-126 所示。至此，科技时代片头制作完成。

图 9-125

图 9-126

9.3 制作牛奶广告

9.3.1 项目背景及要求

1. 客户名称

优品乳业有限公司。

2. 客户需求

优品乳业有限公司是一家生产和加工乳制品、纯牛奶、乳粉等产品的公司，最近推出了一款新的鲜奶产品，现在要进行促销活动，需要制作一则针对此次活动的促销广告，要求体现出该产品的特色。

3. 设计要求

（1）设计要以奶产品为主导。

（2）设计形式要简洁明晰，能表现产品的特色。

（3）画面色彩要生动形象、直观自然，让人一目了然。

（4）设计风格要具有特色，能够让人有健康、新鲜的感觉。

（5）设计规格为 720h×576v(1.0940)、25.00 帧 / 秒、D1/DV PAL(1.0940)。

9.3.2 项目创意及展示

1. 设计素材

素材所在位置：本书素材中的"Ch09/ 牛奶广告 / 素材 /01.jpg、02.png、03.png、04.png、05.png、06.png"。

2. 效果展示

设计作品所在位置：本书素材中的"Ch09/ 牛奶广告 / 牛奶广告 .prproj"，如图 9-127 所示。

扫码观看
本案例视频

扫码观看
扩展案例

图 9-127

3. 技术要点

使用"位置"选项改变图像的位置，使用"缩放比例"选项改变图像的大小，使用"透明度"选项编辑图像的不透明度，使用"添加轨道"命令添加视频轨道。

9.3.3 项目制作

（1）启动 Premiere Pro CS6，弹出欢迎界面，单击"新建项目"按钮 ，弹出"新建项目"对话框。在"位置"选项右侧设置文件保存路径，在"名称"文本框中输入文件名"牛奶广告"，如图 9-128 所示。单击"确定"按钮，弹出"新建序列"对话框，在左侧的"有效预设"列表中展开"DV – PAL"选项，选择"标准 48kHz"模式，如图 9-129 所示，单击"确定"按钮，完成序列的创建。

（2）执行"文件 > 导入"命令，弹出"导入"对话框，选择本书素材中的"Ch09/ 牛奶广告 / 素材 /01. jpg、02.png、03.png、04.png、05.png、06.png"文件，如图 9-130 所示。单击"打开"按钮，将素材文件导入"项目"面板中，如图 9-131 所示。

（3）在"项目"面板中选中"01.jpg"文件，并将其拖曳到"时间线"面板中的"视频 1"轨道中，如图 9-132 所示。

（4）将时间标签放置在 04:00s 的位置，在"视频 1"轨道上选中"01.jpg"文件，将鼠标指针放在"01.jpg"文件的结束位置，当鼠标指针呈 状时，向左拖曳鼠标指针到 04:00s 的位置，如图 9-133 所示。

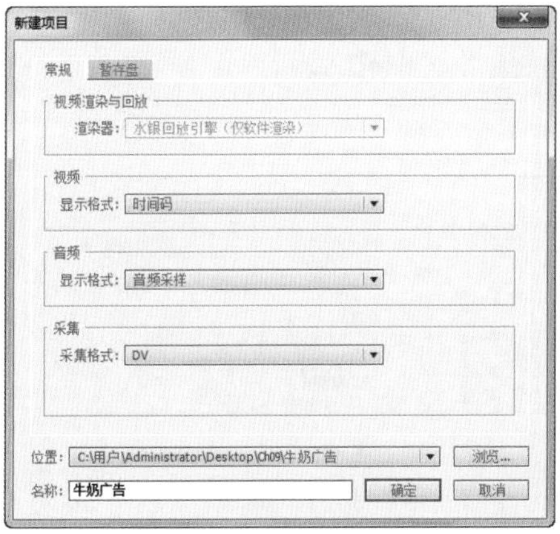

图 9-128

图 9-129

图 9-130

图 9-131

图 9-132

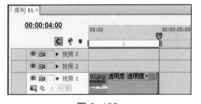

图 9-133

（5）选中"视频 1"轨道中的"01.jpg"文件，将时间标签放置在 00:00 s 的位置。选择"特效控制台"面板，展开"透明度"选项，将"透明度"选项设置为 0.0%，记录第 1 个动画关键帧，如图 9-134 所示。将时间标签放置在 00:08s 的位置，在"特效控制台"面板中将"透明度"选项设置为 100.0%，记录第 2 个动画关键帧，如图 9-135 所示。

图 9-134

图 9-135

（6）将时间标签放置在00:13s的位置，在"项目"面板中选中"02.png"文件，并将其拖曳到"时间线"面板中的"视频2"轨道中，如图9-136所示。在"视频2"轨道上选中"02.png"文件，将鼠标指针放在"02.png"文件的结束位置，当鼠标指针呈◀状时，向左拖曳鼠标指针到"01.jpg"文件的结束位置，如图9-137所示。

图9-136　　　　　　　　　　　图9-137

（7）选中"视频2"轨道中的"02.png"文件，选择"特效控制台"面板，展开"运动"选项，将"位置"选项设置为358.8和459.7，"缩放比例"选项设置为110.0。展开"透明度"选项，将"透明度"选项设置为0.0%，记录第1个动画关键帧，如图9-138所示。将时间标签放置在00:19s的位置，在"特效控制台"面板中将"透明度"选项设置为100.0%，记录第2个动画关键帧，如图9-139所示。

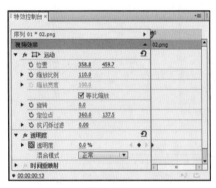 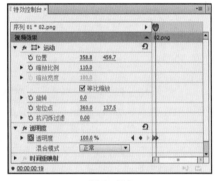

图9-138　　　　　　　　　　　图9-139

（8）将时间标签放置在01:00s的位置，在"项目"面板中选中"03.png"文件，并将其拖曳到"时间线"面板中的"视频3"轨道中，如图9-140所示。在"视频3"轨道上选中"03.png"文件，将鼠标指针放在"03.png"文件的结束位置，当鼠标指针呈◀状时，向左拖曳鼠标指针到"01.jpg"文件的结束位置，如图9-141所示。

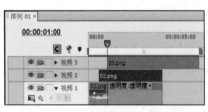 

图9-140　　　　　　　　　　　图9-141

（9）选中"视频3"轨道中的"03.png"文件，选择"特效控制台"面板，展开"运动"选项，将"位置"选项设置为278.6和366.7。展开"透明度"选项，将"透明度"选项设置为0.0%，记录第1个动画关键帧，如图9-142所示。将时间标签放置在01:08s的位置，在"特效控制台"面板中将"透明度"选项设置为100.0%，记录第2个动画关键帧，如图9-143所示。

（10）使用上述方法，分别在01:09s、01:11s、01:13s和01:15s的位置记录一个"透明度"为0.0%的关键帧；分别在01:10s、01:12s、01:14s和01:16s的位置记录一个"透明度"为100.0%的关键帧，如图9-144所示。

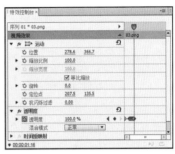

图9-142　　　　　　　　　图9-143　　　　　　　　　图9-144

（11）执行"序列＞添加轨道"命令，在弹出的"添加视音轨"对话框中进行设置，如图9-145所示。单击"确定"按钮，在"时间线"面板中添加3条视频轨道，如图9-146所示。

图9-145　　　　　　　　　　　　　　　　图9-146

（12）将时间标签放置在01:17s的位置，在"项目"面板中选中"04.png"文件，并将其拖曳到"时间线"面板中的"视频4"轨道中，如图9-147所示。在"视频4"轨道上选中"04.png"文件，将鼠标指针放在"04.png"文件的结束位置，当鼠标指针呈 状时，向左拖曳鼠标指针到"01.jpg"文件的结束位置，如图9-148所示。

图9-147　　　　　　　　　　　　　　图9-148

（13）选中"视频4"轨道中的"04.png"文件，选择"特效控制台"面板，展开"运动"选项，将"位置"选项设置为-209.4和442.4，单击"位置"选项左侧的"切换动画"按钮 ，记录第1个动画关键帧，如图9-149所示。将时间标签放置在02:02s的位置，在"特效控制台"面板中将"位置"选项设置为 156.6 和 442.4，记录第 2 个动画关键帧，如图 9-150 所示。

图 9-149

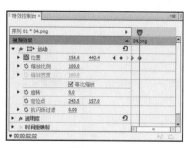

图 9-150

（14）将时间标签放置在 01：17s 的位置，在"项目"面板中选中"05.png"文件，并将其拖曳到"时间线"面板中的"视频 5"轨道中，如图 9-151 所示。在"视频 5"轨道上选中"05.png"文件，将鼠标指针放在"05.png"文件的结束位置，当鼠标指针呈 ◀ 状时，向左拖曳鼠标指针到"01.jpg"文件的结束位置，如图 9-152 所示。

图 9-151

图 9-152

（15）选中"视频 5"轨道中的"05.png"文件，选择"特效控制台"面板，展开"运动"选项，将"位置"选项设置为 832.5 和 350.4，单击"位置"选项左侧的"切换动画"按钮 ⏱，记录第 1 个动画关键帧，如图 9-153 所示。将时间标签放置在 02：02s 的位置，在"特效控制台"面板中将"位置"选项设置为 571.5 和 350.4，记录第 2 个动画关键帧，如图 9-154 所示。

图 9-153

图 9-154

（16）将时间标签放置在 02：06s 的位置，在"项目"面板中选中"06.png"文件，并将其拖曳到"时间线"面板中的"视频 6"轨道中，如图 9-155 所示。在"视频 6"轨道上选中"06.png"文件，将鼠标指针放在"06.png"文件的结束位置，当鼠标指针呈 ◀ 状时，向左拖曳鼠标指针到"01.jpg"文件的结束位置，如图 9-156 所示。

图 9-155

图 9-156

（17）选中"视频 6"轨道中的"06.png"文件，选择"特效控制台"面板，展开"运动"选项，将"位置"选项设置为 108.7 和 239.4，"缩放比例"选项设置为 0.0，单击"位置"选项和"缩放比例"选项左侧的"切换动画"按钮，记录第 1 个动画关键帧，如图 9-157 所示。将时间标签放置在 02:20s 的位置，在"特效控制台"面板中将"位置"选项设置为 262.4 和 123.2，"缩放比例"选项设置为 100.0，记录第 2 个动画关键帧，如图 9-158 所示。至此，牛奶广告制作完成。

图 9-157

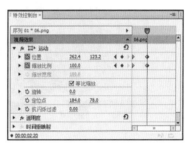

图 9-158

9.4 制作旅行电子相册

9.4.1 项目背景及要求

1. 客户名称

刘可平个人网站。

2. 客户需求

刘可平个人网站是一个为客户创建的展示个人生活和兴趣爱好等信息的网站。本案例是为网站制作夏威夷旅行相册，要求以动画的方式展现出旅行的见闻和风景，给人明快、活泼而不失典雅的感觉。

3. 设计要求

（1）以展示旅行的风景照片为主要内容。

（2）使用柔和的粉色和花朵来烘托画面，使画面看起来明快、舒适。

（3）要求表现出旅行的见闻和风景。

（4）要求整个设计充满特色，让人印象深刻。

（5）设计规格为 720h×576v（1.0940）、25.00 帧／秒、D1/DV PAL（1.0940）。

9.4.2 项目创意及展示

1. 设计素材

素材所在位置：本书素材中的"Ch09/ 旅行电子相册 / 素材 /01.jpg、02.png、03.jpg、04.jpg、05.jpg、06.jpg、07.jpg、08.jpg、09.jpg、10.png"。

2. 效果展示

设计作品所在位置：本书素材中的"Ch09/ 旅行电子相册 / 旅行电子相册 .prproj"，如图 9-159 所示。

图 9-159

3. 技术要点

使用"字幕"命令添加文字，使用"镜头光晕"特效制作背景的光照效果，在"特效控制台"面板中制作文字的透明度动画，在"效果"面板中添加照片之间的切换特效。

9.4.3 项目制作

（1）启动 Premiere Pro CS6，弹出欢迎界面，单击"新建项目"按钮 ，弹出"新建项目"对话框。在"位置"选项右侧设置文件保存路径，在"名称"文本框中输入文件名"旅行电子相册"，如图 9-160 所示。单击"确定"按钮，弹出"新建序列"对话框，在左侧的"有效预设"列表中展开"DV - PAL"选项，选择"标准 48kHz"模式，如图 9-161 所示，单击"确定"按钮，完成序列的创建。

（2）执行"文件 > 导入"命令，弹出"导入"对话框，选择本书素材中的"Ch09/ 旅行电子相册 / 素材 /01.jpg、02.png、03.jpg、04. jpg、05. jpg、06. jpg、07.jpg、08.jpg、09.jpg、10.png"文件，如图 9-162 所示。单击"打开"按钮，将素材文件导入"项目"面板中，如图 9-163 所示。

（3）执行"文件 > 新建 > 字幕"命令，弹出"新建字幕"对话框，设置字幕名称为"我的旅行相册"，如图 9-164 所示。单击"确定"按钮，弹出字幕编辑窗口。

（4）选择"文字"工具 ，在字幕工作区中输入"我的旅行相册"，在"字幕属性"选项卡中选择需要的字体，勾选并展开"填充"选项组，将"颜色"选项设置为深蓝色（7、84、144）。勾选并展开"阴影"选项组，将"颜色"选项设置为白色，其他选项的设置如图 9-165 所示。关闭字幕编辑窗口，新建的字幕文件将自动保存到"项目"面板中。

Premiere Pro CS6核心应用案例教程（全彩慕课版）

图 9-160 图 9-161

图 9-162 图 9-163

图 9-164

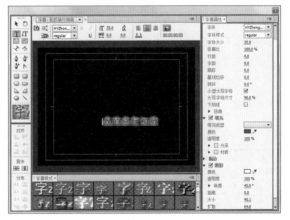

图 9-165

（5）在"项目"面板中选中"01.jpg"文件，并将其拖曳到"时间线"面板中的"视频 1"轨道中，如图 9-166 所示。选中"视频 1"轨道中的"01.jpg"文件，选择"特效控制台"面板，展开"运动"选项，将"位置"选项设置为 398.4 和 286.0，如图 9-167 所示。

图 9-166　　　　　　　　　　　　　　图 9-167

（6）执行"窗口＞效果"命令，弹出"效果"面板，展开"视频特效"文件夹，单击"生成"文件夹前面的三角形按钮▶将其展开，选中"镜头光晕"特效，如图 9-168 所示。将"镜头光晕"特效拖曳到"时间线"面板中"视频 1"轨道中的"01.jpg"文件上，如图 9-169 所示。

（7）选择"特效控制台"面板，展开"镜头光晕"特效，将"光晕中心"选项设置为 209.0 和 153.0，如图 9-170 所示。

图 9-168　　　　　　　　图 9-169　　　　　　　　图 9-170

（8）将时间标签放置在 02:04s 的位置，在"视频 1"轨道上选中"01.jpg"文件，将鼠标指针放在"01.jpg"文件的结束位置，当鼠标指针呈◀状时，向左拖曳鼠标指针到 02:04s 的位置，如图 9-171 所示。

（9）在"项目"面板中选中"02.png"文件，并将其拖曳到"时间线"面板中的"视频 2"轨道中，如图 9-172 所示。在"视频 2"轨道上选中"02.png"文件，将鼠标指针放在"02.png"文件的结束位置，当鼠标指针呈◀状时，向左拖曳鼠标指针到 02:04s 的位置，如图 9-173 所示。

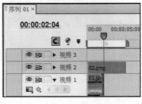

图 9-171　　　　　　　　图 9-172　　　　　　　　图 9-173

（10）选中"视频 2"轨道中的"02.png"文件，选择"特效控制台"面板，展开"运动"选项，将"位置"选项设置为 360.0 和 244.0，"缩放比例"选项设置为 70.0，如图 9-174 所示。

（11）选择"效果"面板，展开"视频切换"文件夹，单击"擦除"文件夹左侧的三角形按钮

▶将其展开，选中"擦除"特效，如图9-175所示。将"擦除"特效拖曳到"时间线"面板中"视频2"轨道的"02.png"文件的开始位置，如图9-176所示。

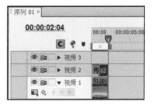

图9-174　　　　　　　　　　图9-175　　　　　　　　　　图9-176

（12）在"项目"面板中选中"我的旅行相册"文件，并将其拖曳到"时间线"面板中的"视频3"轨道中，如图9-177所示。在"视频3"轨道上选中"我的旅行相册"文件，将鼠标指针放在"我的旅行相册"文件的结束位置，当鼠标指针呈█状时，向左拖曳鼠标指针到02:04s的位置，如图9-178所示。

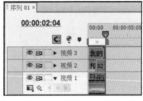

图9-177　　　　　　　　　　　图9-178

（13）选中"视频3"轨道中的"我的旅行相册"文件，将时间标签放置在00:00s的位置。选择"特效控制台"面板，展开"透明度"选项，将"透明度"选项设置为0.0%，记录第1个动画关键帧，如图9-179所示。将时间标签放置在00:18s的位置，在"特效控制台"面板中将"透明度"选项设置为100.0%，记录第2个动画关键帧，如图9-180所示。

图9-179　　　　　　　　　　　图9-180

（14）执行"序列>添加轨道"命令，在弹出的"添加视音轨"对话框中进行设置，如图9-181所示。单击"确定"按钮，在"时间线"面板中添加两条视频轨道，如图9-182所示。

（15）将时间标签放置在02:04s的位置，在"项目"面板中选中"03.jpg"文件，并将其拖曳到"时间线"面板中的"视频4"轨道中，如图9-183所示。将时间标签放置在04:04s的位置，在"视频4"轨道上选中"03.jpg"文件，将鼠标指针放在"03.jpg"文件的结束位置，当鼠标指针呈█状时，向左拖曳鼠标指针到04:04 s的位置，如图9-184所示。

图 9-181

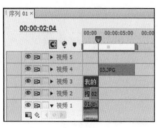

图 9-182

图 9-183

图 9-184

（16）选中"视频4"轨道中的"03.jpg"文件，选择"特效控制台"面板，展开"运动"选项，将"缩放比例"选项设置为70.0，如图9-185所示。

（17）在"效果"面板中展开"视频切换"文件夹，单击"叠化"文件夹左侧的三角形按钮 ▶，将其展开，选中"白场过渡"特效，如图9-186所示。将"白场过渡"特效拖曳到"时间线"面板中"视频4"轨道的"03.jpg"文件的开始位置，如图9-187所示。

图 9-185

图 9-186

图 9-187

（18）选中"时间线"面板中的"白场过渡"特效，在"特效控制台"面板中将"持续时间"选项设置为00:10s，如图9-188所示。使用相同的方法在"时间线"面板中添加其他文件和适当的过渡特效，如图9-189所示。

（19）在"项目"面板中选中"10.png"文件，并将其拖曳到"时间线"面板中的"视频5"轨道中，如图9-190所示。在"视频5"轨道上选中"10.png"文件，将鼠标指针放在"10.png"文件的结束位置，当鼠标指针呈 ◀ 状时，向右拖曳鼠标指针到"09.jpg"文件的结束位置，如图9-191所示。至此，旅行电子相册制作完成。

图 9-188

图 9-189

图 9-190

图 9-191

9.5　制作儿歌 MV

9.5.1　项目背景及要求

1. 客户名称

儿童教育网站。

2. 客户需求

儿童教育网站是一个以儿童教学为主的网站，网站中的内容充满知识性和趣味性，使孩子能够快乐地学习知识。本案例要求进行儿歌 MV 的制作，设计要符合儿童的喜好，避免成人化，要保持童真和乐趣。

3. 设计要求

（1）要充分使用儿童喜欢的元素。

（2）要求使用不同文字和装饰图案来诠释儿歌 MV 内容，表现儿歌 MV 特色。

（3）画面色彩要符合儿童的审美，使用明快的色彩，丰富画面效果。

（4）设计风格要具有特色，营造出欢快愉悦的歌曲氛围，能够引起儿童的好奇以及观看兴趣。

（5）设计规格为 720h×576v（1.0940）、25.00 帧 / 秒、D1/DV PAL（1.0940）。

9.5.2　项目创意及展示

1. 设计素材

素材所在位置：本书素材中的"Ch09/ 儿歌 MV/ 素材 /01.psd、02.mp3"。

2. 效果展示

设计作品所在位置：本书素材中的"Ch09/ 儿歌 MV/ 儿歌 MV.prproj"，如图 9-192 所示。

扫码观看
本案例视频

扫码观看
扩展案例

图 9-192

3．技术要点

使用"字幕"命令添加并编辑文字，使用"位置""缩放比例"和"透明度"选项制作动画效果，使用"闪光灯"特效为视频添加闪光效果并制作闪光灯的动画效果，使用"低通"特效制作音频的低音效果。

9.5.3 项目制作

（1）启动 Premiere Pro CS6，弹出欢迎界面，单击"新建项目"按钮 ，弹出"新建项目"对话框。在"位置"选项右侧设置文件保存路径，在"名称"文本框中输入文件名"儿歌 MV"，如图 9-193 所示。单击"确定"按钮，弹出"新建序列"对话框，在左侧的"有效预设"列表中展开"DV - PAL"选项，选择"标准 48kHz"模式，如图 9-194 所示，单击"确定"按钮，完成序列的创建。

图 9-193

图 9-194

（2）执行"文件 > 导入"命令，弹出"导入"对话框，选择本书素材中的"Ch09/ 儿歌 MV / 素材 /01.psd、02.mp3"文件，单击"打开"按钮。在弹出的"导入分层文件：01"对话框中进行设置，如图 9-195 所示，单击"确定"按钮，将素材文件导入"项目"面板中，如图 9-196 所示。

图 9-195　　　　　　　　　　　　　图 9-196

（3）执行"文件 > 新建 > 字幕"命令，弹出"新建字幕"对话框，如图 9-197 所示。单击"确定"按钮，弹出字幕编辑窗口。

（4）选择"文字"工具 **T**，在字幕工作区中输入"Happy Birthday to you"。在"字幕属性"选项卡中选择需要的字体，勾选并展开"填充"选项组，将"颜色"选项设置为黑色；添加外侧描边，将"颜色"选项设置为黄色（255、210、0），其他选项的设置如图 9-198 所示。

图 9-197　　　　　　　　　　　　　图 9-198

（5）关闭字幕编辑窗口，新建的字幕文件将自动保存到"项目"面板中，如图 9-199 所示。用相同的方法创建其他字幕，如图 9-200 所示。

图 9-199　　　　　　　　　　　　　图 9-200

（6）在"项目"面板中选中"背景/01.psd"文件，并将其拖曳到"时间线"面板中的"视频1"轨道中，如图9-201所示。

（7）将时间标签放置在24:21s的位置，将鼠标指针放在"背景/01.psd"文件的结束位置，当鼠标指针呈⬅状时，向右拖曳鼠标指针到24:21s的位置，如图9-202所示。

图9-201

图9-202

（8）选中"视频1"轨道中的"背景/01.psd"文件，将时间标签放置在00:00s的位置。选择"特效控制台"面板，展开"透明度"选项，将"透明度"选项设置为0.0%，记录第1个动画关键帧，如图9-203所示。将时间标签放置在02:08s的位置，在"特效控制台"面板中将"透明度"选项设置为100.0%，记录第2个动画关键帧，如图9-204所示。

图9-203

图9-204

（9）将时间标签放置在10:05s的位置，在"项目"面板中选中"企鹅1/01.psd"文件，并将其拖曳到"时间线"面板中的"视频2"轨道中，如图9-205所示。将鼠标指针放在"企鹅1/01.psd"文件的结束位置，当鼠标指针呈⬅状时，向右拖曳鼠标指针到"背景/01.psd"文件的结束位置，如图9-206所示。

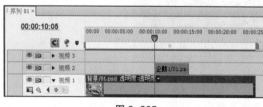
图9-205

图9-206

（10）执行"窗口>效果"命令，弹出"效果"面板，展开"视频特效"文件夹，单击"风格化"文件夹前面的三角形按钮▶将其展开，选中"闪光灯"特效，如图9-207所示。将"闪光灯"特效拖曳到"时间线"面板"视频2"轨道中的"企鹅1/01.psd"文件上，如图9-208所示。

（11）将时间标签放置在17:04s的位置，选择"特效控制台"面板，展开"闪光灯"选项，将"明暗闪动颜色"选项设置为黄色（255、222、0），"与原始图像混合"选项设置为100%，单击"与原始图像混合"选项左侧的"切换动画"按钮◎，记录第1个动画关键帧，如图9-209所示。将时间标签放置在17:05s的位置，在"特效控制台"面板中将"与原始图像混合"选项设置为0%，记录第2个动画关键帧，如图9-210所示。将时间标签放置在22:16s的位置，在"特效控制台"面板中将"与原始图像混合"选项设置为100%，记录第3个动画关键帧，如图9-211所示。

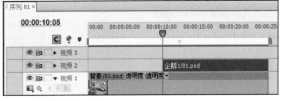

图 9-207　　　　　　　　　　　　　　　　　　　图 9-208

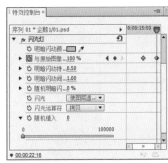

图 9-209　　　　　　　　　　图 9-210　　　　　　　　　　图 9-211

（12）执行"序列 > 添加轨道"命令，在弹出的"添加视音轨"对话框中进行设置，如图 9-212
所示。单击"确定"按钮，在"时间线"面板中添加 7 条视频轨道，如图 9-213 所示。使用上述的方法，
分别拖曳需要的素材文件到适当的位置并制作闪光灯效果，如图 9-214 所示。

图 9-212　　　　　　　　　　图 9-213　　　　　　　　　　图 9-214

（13）将时间标签放置在 00:00s 的位置，在"项目"面板中选中"舞台布 /01.psd"文件，
并将其拖曳到"时间线"面板中的"视频 7"轨道中，如图 9-215 所示。将鼠标指针放在"舞台
布 /01.psd"文件的结束位置，当鼠标指针呈￤状时，向右拖曳鼠标指针到"背景 /01.psd"文件的
结束位置，如图 9-216 所示。

（14）选中"视频 7"轨道中的"舞台布 /01.psd"文件，选择"特效控制台"面板，展开"运
动"选项，将"缩放比例"选项设置为 110.0；展开"透明度"选项，将"透明度"选项设置为 0.0%，
记录第 1 个动画关键帧，如图 9-217 所示。将时间标签放置在 02:08s 的位置，在"特效控制台"
面板中将"透明度"选项设置为 100.0%，记录第 2 个动画关键帧，如图 9-218 所示。

图 9–215   图 9–216

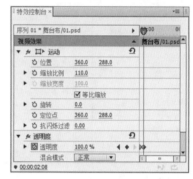

图 9–217   图 9–218

（15）将时间标签放置在 03:02s 的位置，在"项目"面板中选中"生日蛋糕 /01.psd"文件，并将其拖曳到"时间线"面板中的"视频 8"轨道中，如图 9–219 所示。将鼠标指针放在"生日蛋糕 /01.psd"文件的结束位置，当鼠标指针呈 ◀▶ 状时，向右拖曳鼠标指针到"背景 /01.psd"文件的结束位置，如图 9–220 所示。

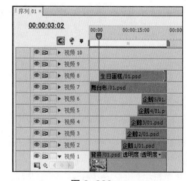

图 9–219   图 9–220

（16）选中"视频 8"轨道中的"生日蛋糕 /01.psd"文件，选择"特效控制台"面板，展开"运动"选项，将"位置"选项设置为 360.0 和 602.0，单击"位置"选项左侧的"切换动画"按钮 🔘，记录第 1 个动画关键帧，如图 9–221 所示。将时间标签放置在 05:06s 的位置，在"特效控制台"面板中将"位置"选项设置为 360.0 和 288.0，记录第 2 个动画关键帧，如图 9–222 所示。

（17）将时间标签放置在 07:22s 的位置，展开"透明度"选项，单击"透明度"选项右侧的"添加 / 移除关键帧"按钮 ◆，记录第 1 个动画关键帧，如图 9–223 所示。将时间标签放置在 09:05s 的位置，在"特效控制台"面板中将"透明度"选项设置为 0.0%，记录第 2 个动画关键帧，如图 9–224

所示。将时间标签放置在21:13s的位置，在"特效控制台"面板中单击"透明度"选项右侧的"添加/移除关键帧"按钮◆，记录第3个动画关键帧，如图9-225所示。将时间标签放置在24:08s的位置，在"特效控制台"面板中将"透明度"选项设置为100.0%，记录第4个动画关键帧，如图9-226所示。

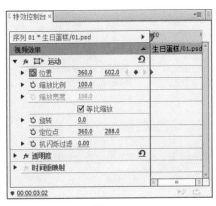

图 9-221 图 9-222

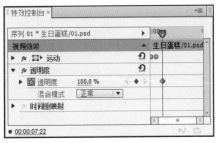

图 9-223

图 9-224

图 9-225

图 9-226

（18）将时间标签放置在05:05s的位置，在"项目"面板中选中"文字/01.psd"文件，并将其拖曳到"时间线"面板中的"视频9"轨道中，如图9-227所示。将鼠标指针放在"文字/01.psd"文件的结束位置，当鼠标指针呈◀状时，向右拖曳鼠标指针到"背景/01.psd"文件的结束位置，如图9-228所示。

（19）选中"视频9"轨道中的"文字/01.psd"文件，选择"特效控制台"面板，展开"运动"选项，将"缩放比例"选项设置为0.0，单击"缩放比例"选项左侧的"切换动画"按钮◎，记录第1个动画关键帧，如图9-229所示。将时间标签放置在06:06s的位置，在"特效控制台"面板中将"缩放比例"选项设置为100.0，记录第2个动画关键帧，如图9-230所示。

图 9-227

图 9-228

图 9-229

图 9-230

（20）将时间标签放置在 07:22s 的位置，展开"透明度"选项，单击"透明度"选项右侧的"添加 / 移除关键帧"按钮▣，记录第 1 个动画关键帧，如图 9-231 所示。将时间标签放置在 09:05s 的位置，在"特效控制台"面板中将"透明度"选项设置为 0.0%，记录第 2 个动画关键帧，如图 9-232 所示。将时间标签放置在 21:13s 的位置，在"特效控制台"面板中单击"透明度"选项右侧的"添加 / 移除关键帧"按钮▣，记录第 3 个动画关键帧，如图 9-233 所示。将时间标签放置在 24:18s 的位置，在"特效控制台"面板中将"透明度"选项设置为 100.0%，记录第 4 个动画关键帧，如图 9-234 所示。

（21）将时间标签放置在 10:05s 的位置，在"项目"面板中选中"字幕 01/01.psd"文件，并将其拖曳到"时间线"面板中的"视频 10"轨道中，如图 9-235 所示。将时间标签放置在 17:19s 的位置，将鼠标指针放在"字幕 01/01.psd"文件的结束位置，当鼠标指针呈◀▶状时，向右拖曳鼠标指针到 17:19s 的位置，如图 9-236 所示。

图 9-231

图 9-232

图 9-233

图 9-234

图 9-235

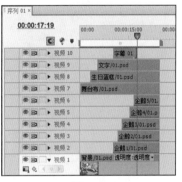

图 9-236

（22）在"项目"面板中选中"字幕 02/01.psd"文件，并将其拖曳到"时间线"面板中的"视频 10"轨道中，如图 9-237 所示。将时间标签放置在 21:04s 的位置，将鼠标指针放在"字幕 02/01.psd"文件的结束位置，当鼠标指针呈◄状时，向左拖曳鼠标指针到 21:04s 的位置，如图 9-238 所示。

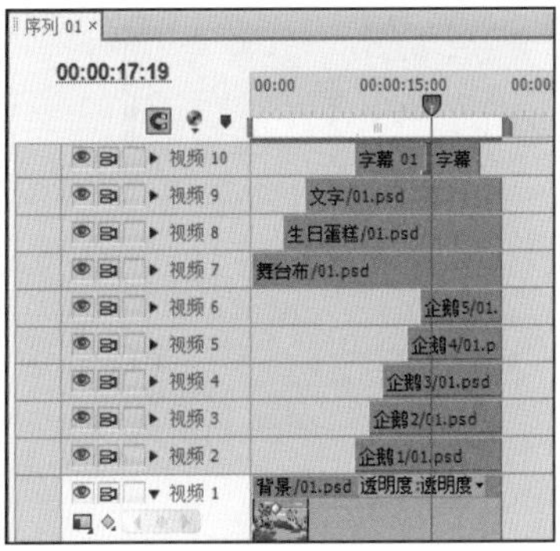

图 9-237

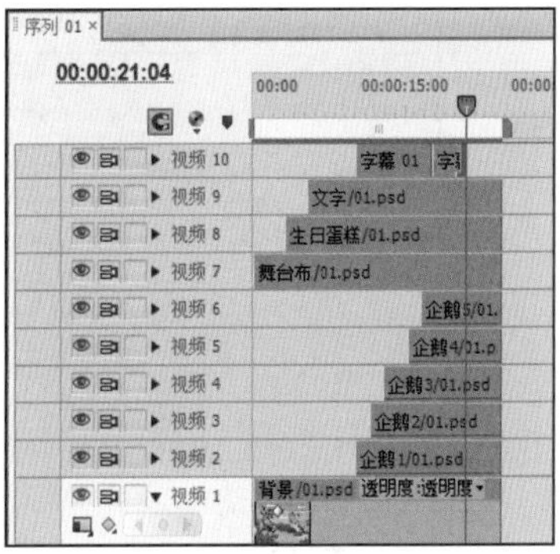

图 9-238

（23）在"项目"面板中选中"字幕 01/01.psd"文件，并将其拖曳到"时间线"面板中的"视频 10"轨道中，如图 9-239 所示。将鼠标指针放在"字幕 02/01.psd"文件的结束位置，当鼠标指针呈◄状时，向左拖曳鼠标指针到"背景 /01.psd"文件的结束位置，如图 9-240 所示。

（24）将时间标签放置在 24:07s 的位置，选中"字幕 01/01.psd"文件。选择"特效控制台"面板，展开"透明度"选项，单击"透明度"选项右侧的"添加 / 移除关键帧"按钮◆，记录第 1 个动画关键帧，如图 9-241 所示。将时间标签放置在 24:19s 的位置，在"特效控制台"面板中将"透明度"选项设置为 0.0%，记录第 2 个动画关键帧，如图 9-242 所示。

（25）在"项目"面板中选中"02.mp3"文件，并将其拖曳到"时间线"面板中的"音频 1"轨道中，如图 9-243 所示。在"效果"面板中展开"音频特效"文件夹，选中"低通"特效，如图 9-244 所示。

（26）将"低通"特效拖曳到"时间线"面板"音频1"轨道中的"02.mp3"文件上，如图9-245所示。选择"特效控制台"面板，展开"低通"选项，将"屏蔽度"选项设置为3000.0Hz，如图9-246所示。至此，儿歌MV制作完成。

图 9-239

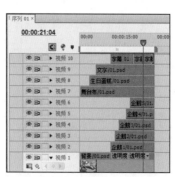

图 9-240

图 9-241

图 9-242

图 9-243

图 9-244

图 9-245

图 9-246

9.6 课堂练习——制作自行车手纪录片

9.6.1 项目背景及要求

1. 客户名称

路暮个人网站。

2. 客户需求

路暮个人网站是一个为客户创建的展示个人生活和兴趣爱好等信息的网站。本案例是为网站制作旅行纪录片，要求以动画的方式展现出旅程中的风景和经历，带给人团结向上、勇往直前的感觉。

3. 设计要求

（1）以旅程中的风景和经历为主要展示内容。

（2）使用暖色的片头烘托出明亮、温暖的氛围。

（3）要求表现出团结自律、积极向上的感觉。

（4）要求整个设计充满特色，让人印象深刻。

（5）设计规格为720h×576v(1.0940)、25.00 帧 / 秒、D1/DV PAL(1.0940)。

9.6.2 项目创意及展示

1. 设计素材

素材所在位置：本书素材中的"Ch09/ 自行车手纪录片 / 素材 /01.avi、02.jpg、03.jpg、04.jpg、05.jpg、06.jpg、07.jpg"。

2. 效果展示

设计作品所在位置：本书素材中的"Ch09/ 自行车手纪录片 / 自行车手纪录片 .prproj"，如图 9-247 所示。

扫码观看
本案例视频

图 9-247

3. 技术要点

使用"字幕"命令添加并编辑文字，使用"位置"、"缩放比例"和"透明度"选项制作动画效果，使用不同的转场特效制作视频之间的转场效果，使用"镜头光晕"特效为 01 视频素材添加镜头光晕效果并制作光晕的动画效果，使用"高斯模糊"特效为文字添加模糊效果并制作模糊的动画效果。

9.7 课后习题——制作动物栏目片头

9.7.1 项目背景及要求

1. 客户名称

盘西野生动物园。

2. 客户需求

盘西野生动物园是一个集动植物观赏、森林探险、科普讲座等多种特色活动于一体的、具有新型园林生态环境系统的园区。本案例是为动物园制作宣传栏目片头，要求以动画的方式展现出动物的特性和生活状态，给人自然、和谐的感觉。

3. 设计要求

（1）以野生动物的照片为主要内容。

（2）使用自然的颜色烘托画面，给人自然、和谐的感觉。

（3）要求表现出动物的特性和生活状态。

（4）要求整个设计充满特色，让人印象深刻。

（5）设计规格为720h×576v(1.0940)、25.00帧/秒、D1/DV PAL(1.0940)。

9.7.2 项目创意及展示

1. 设计素材

素材所在位置：本书素材中的"Ch09/动物栏目片头/素材/01.mov、02.mov、03.mov、04.mov、05.mov、06.mov、07.jpg、08jpg"。

2. 效果展示

设计作品所在位置：本书素材中的"Ch09/动物栏目片头/动物栏目片头.prproj"，如图9-248所示。

扫码观看
本案例视频

图 9-248

3. 技术要点

使用"字幕"命令添加并编辑文字，使用"缩放比例"和"透明度"选项制作动画效果，使用不同的转场特效制作视频之间的转场效果，使用"亮度与对比度"特效调整视频的亮度与对比度，使用"四色渐变"特效为视频添加四色渐变效果。